Giso Weyand

Allein erfolgreich – Die Einzelkämpfermarke

Marketing für beratende Berufe

BusinessVillage
Update your Knowledge!

Giso Weyand

Allein erfolgreich - Die Einzelkämpfermarke

Marketing für beratende Berufe

Göttingen: BusinessVillage

2., unveränderte Auflage 2009

ISBN: 978-3-938358-22-1

© BusinessVillage GmbH, Göttingen

Bezugs- und Verlagsanschrift

BusinessVillage GmbH

Reinhäuser Landstraße 22

37083 Göttingen

Telefon: +49 (0)5 51 20 99-1 00

Fax: +49 (0)5 51 20 99-1 05

E-Mail: info@businessvillage.de

Web: www.businessvillage.de

Layout und Satz

Sabine Kempke

Bestellnummern

PDF-eBook Bestellnummer EB-661

Druckausgabe Bestellnummer PB-661

ISBN: 978-3-938358-22-1

Über den Autor

Giso Weyand gehört zu den wenigen „Marken-Machern" für Persönlichkeiten im deutschsprachigen Raum. Seit 1997 unterstützt er Berater, Unternehmer und Personen des öffentlichen Lebens dabei, sich einen Namen zu machen, Expertenstatus zu erreichen und diesen zu stabilisieren.

Dabei steht die Frage im Zentrum, wie sich Personen, Dienstleistungen und Produkte spannend darstellen lassen und ein konstanter Nachfragesog entsteht. Giso Weyand lebt seine eigenen Strategien. Bereits im Alter von 15 Jahren gründete er sein erstes Beratungsunternehmen – und war damals der wohl jüngste Unternehmer Europas. Die Medienresonanz reichte von TV (ARD, RTL, HR etc.) über Rundfunk (zum Beispiel HR, SWR, RPR) bis hin zu renommierten Printmedien wie Die Zeit, Computer-Woche und taz.

Es folgten ein berufsbegleitendes Studium der Sozialen Verhaltenswissenschaften, Rechtswissenschaften und Geschichte sowie eine 3-jährige Ausbildung zum Systemischen Berater und Therapeuten. Beide Ausbildungen dienen ihm heute dazu, die Themen seiner Kunden im Bereich Training, Coaching und Beratung noch besser zu verstehen und medienwirksam darzustellen.

Seine Artikel und Kommentare zum Beratermarketing erscheinen unter anderem in Fachmedien wie dem Handbuch Human Ressource Management, managerSeminare, Multimind und Wirtschaft&Weiterbildung.

Sehr beliebt ist sein spritziger und zum Teil provokativer Vortragsstil, bei dem die kompetente Vermittlung von Inhalten genauso wichtig ist wie die Unterhaltung der Zuhörer.

Kontaktdaten des Autors:
Giso Weyand
Burgstallring 33d
D-95517 Seybothenreuth
Telefon: (0 92 75) 97 28 48
E-Mail: weyand@gisoweyand.de
Web: www.gisoweyand.de

Über die Gastautorin
Nadine Hamburger

Nadine Hamburger ist freie Beraterin im Team Giso Weyand. Ihr Schwerpunkt ist authentisches Persönlichkeitsmarketing. Sie begleitet Berater und Unternehmer in den drei Kernfragen: Was macht meine Persönlichkeit aus und wie kann ich sie authentisch darstellen? Wie finde ich Marketing-Instrumente, die zu mir passen, und Leistungen, mit denen ich mich dauerhaft wohlfühle? Wie vereinbare ich meinen geschäftlichen Erfolg mit anderen Lebensbereichen wie Familie, privaten Interessen, etc.?

Dabei kombiniert sie ihre Kernkompetenzen Persönlichkeitsmarketing und Coaching.

Web: www.nadinehamburger.de

Vorwort und Einleitung

Da ist er nun, der kompakte Praxisleitfaden, der Ihnen als Berater Tipps an die Hand geben soll, wie Sie sich und Ihr Angebot möglichst unverwechselbar auf dem Markt präsentieren. Und er ist als wirklicher Praxis-Leit-Faden konzipiert:

„Praxis-"

Beim Schreiben habe ich mich auf jene Aspekte konzentriert, die sich im Laufe von fast zehn Jahren Beratermarketing in der Praxis entwickelt haben. Es sind weder trockene Theorien noch Universalstrategien für alle Branchen, noch brandneue Sichtweisen, sondern schlicht und einfach praktische Anleitungen, sich selbst und seine Dienstleistungen spannender und besser zu verkaufen.

„-leit-"

Sie finden hier viele Schritt-für-Schritt-Anleitungen. Es handelt sich jeweils um meine Vorschläge und Anregungen, die verschiedenen Themen anzugehen. Ich möchte Sie einladen, mit diesen Strategien zu arbeiten und dennoch auch selbst zu experimentieren. Denn je mehr kreative Freiheiten Sie sich bei der Entwicklung Ihrer Persönlichkeitsmarke erlauben, desto mehr Freude und Leichtigkeit gewinnt Ihr Marketing.

„-faden"

Statt einer starren Fahrbahn erhalten Sie einen flexiblen Faden, der sich auf die wesentlichen Aspekte des Beratermarketings konzentriert – aber eben nicht starr, sondern flexibel. Sie bekommen damit die Möglichkeit, das Thema allmählich mit Leben, mit Erfahrungen und Know-how zu füllen und sich schließlich Ihre stabile Fahrbahn selbst zu bauen. Deshalb ist das vorliegende Buch nach den ersten beiden Kapiteln in Modulen aufgebaut. Kapitel 1 und 2 enthalten die relevanten Grundlagen, weshalb sie unbedingt vorab gelesen werden sollten. Die folgenden Module hingegen können wahlweise, je nach Bedarf und Interesse gelesen werden.

Abschließend noch ein Wort zum Titel: Meine Testleser, zumeist Kunden, fragten mich, warum ich denn im Titel von Einzelkämpfern spreche. Eigentlich sei Marketing nach meinem Modell doch eine echte Erleichterung und kein Kampf. Das ist auch mein Anspruch. Dennoch bewegen wir uns als Berater in einem hart umkämpften und teilweise schwierigen Markt, in dem jeder seine eigene Position behaupten muss. Gerade Einzelpersonen und kleine Beratungsunternehmen empfinden sich daher oft als Einzelkämpfer.

Wird für Sie der „Kampf um den Kunden" jedoch zu einer „Kampfkunst", also zu konzentriertem und gleichzeitig freudvollen Marketing, habe ich mein Ziel erreicht.

Viel Freude beim Lesen!

Giso Weyand
Berlin, Januar 2006

Kapitel 1:
Das deutsche Neutralitätsgebot
Warum dieses Buch langweilig beginnen muss …

Ein Buch langweilig zu beginnen gilt nicht gerade als die hohe Kunst des Schreibens. Und dennoch möchte ich Sie ins Land der gähnenden Langeweile entführen: das Beraterland. Es existiert wohl keine andere Branche, in der sich Marktauftritte von Anbietern so ähneln wie in unserer. Und natürlich gibt es auch im Beraterland Gesetze. An oberster Stelle steht in unserem Land das „deutsche Neutralitätsgebot". Es besagt:

> **Das deutsche Neutralitätsgebot**
>
> Je allgemeiner die Leistungen und ihre Beschreibung, desto mehr Kunden finden sich.
>
> Was zählt, ist die Leistung!
>
> Wer als Person in den Vordergrund tritt, ist ein Angeber.

Vielleicht werden Sie nun sagen: „So schlimm ist es nun wirklich nicht. Ich weiß doch, dass ich mich unterscheiden muss und dass wir auch in einem personenbezogenen Geschäft arbeiten." Und Sie haben Recht: Die meisten Berater wissen um die Bedeutung von Positionierung, Besonderheiten und Persönlichkeit. Dennoch fallen wir alle immer wieder auf das deutsche Neutralitätsgebot herein. Im Folgenden finden Sie einige (anonymisierte) Beispiele und meine – etwas pointierten – Kommentare dazu. Die Schärfe der Kommentare dient

ausschließlich dazu, die Fallstricke mancher Marktauftritte zu verdeutlichen. Denn mir ist durchaus bewusst, dass sich dahinter häufig exzellente Berater verbergen, die es aber nicht anders gelernt haben. Die Ironie gilt also ausschließlich den Inhalten.

Los geht's (Variante 1):

> **Letztlich ist es doch der Mensch, der zählt.**
>
> Geschlossene Organisationen gibt es nicht mehr. Gerade lernen wir, in vernetzten Systemen zu entscheiden. Probleme der Unternehmensführung lassen sich nicht mehr innerhalb einzelner Disziplinen bewältigen. Probleme werden nicht mehr isoliert, sondern systemisch verstanden und betrachtet.
>
> Der Vorgesetzte in der Rolle des alles Beherrschenden zählt zu den Auslaufmodellen. Die Führungskraft von heute – als Teil des Ganzen an den Werten und Zielen des Unternehmens orientiert – sieht sich als Impulsgebende/r. Mitarbeiterinnen und Mitarbeiter sind im zukunftsorientierten Betrieb keine widerspruchslosen Befehlsempfänger, sondern eigenständige und selbstbewusste Menschen, die bei der Analyse und Entwicklung von Lösungen mit einbezogen sind.
>
> Daher wird der Mensch in der systemischen Organisationsberatung nur in seinen vielfältigen Verbindungen, Vernetzungen und Wechselwirkungen mit Menschen, anderen Organisationen und Unterorganisationen verstanden.

(Fortsetzung von Seite 7)

Unternehmen sind lebendige Systeme, die permanenter Entwicklung und Veränderung unterworfen sind. In diesem Umfeld versteht sich der Coach als derjenige, der die gewünschte Weiterentwicklung mit einleitet und begleitet.

Deutsches Neutralitätsgebot,
Variante Belehrung

Was fällt Ihnen zu diesem Text ein? Mein erster Gedanke: der Mitschnitt eines Volkshochschulkurses zum Thema „Modernes Management für Wiedereinsteiger" mit Dr. phil. Mautberger-Schnarrenheimer. Als Kunde wäre ich jetzt weg. Und Sie?

Stellen Sie sich vor, Sie haben eine konkrete Herausforderung zu bewältigen und suchen dringend einen Coach. Einige der Fragen, die Ihnen zurzeit durch den Kopf gehen:

- Wie kann ich diese Herausforderung lösen?
- Wie geht das möglichst effektiv?
- Worin liegt überhaupt mein Problem?
- Wie soll ich dabei mit meinem Vorgesetzten umgehen?
- Welche Anforderungen sollte mein Coach erfüllen?
- Wer ist als Coach besonders qualifiziert?
- Woran erkenne ich das?
- Welcher Coach passt am besten zu mir?

Und nun stoßen Sie auf diese Seite. Eigentlich hat das alles doch nichts mit Ihnen zu tun, oder? Was haben Sie von diesen allgemeinen Aussagen darüber, wie Organisationen beschaffen sind, wie sich eine moderne Führungskraft versteht, was die Rolle *des* Coachs an sich ist und wie Unternehmen betrachtet werden sollten? Die einzigen Personen, die im Text nicht vorkommen, sind **Sie** und **der Coach**, also letztlich die beiden Hauptpersonen. Was ebenfalls nicht vorkommt, sind **Ihr Nutzen** und die **Besonderheiten Ihres Coachs**. Diese Seite ist im schlechten Sinne neutral.

Zugegeben, das ist ein Extrembeispiel. Dennoch: In nahezu jedem Beratermarktauftritt finden sich Passagen, die so oder ähnlich klingen. Daher werde ich Ihnen am Ende des Kapitels einen Check-Up vorschlagen, mit dem Sie Ihren Marktauftritt auf das deutsche Neutralitätsgebot hin überprüfen können.

Zuvor jedoch eine zweite Variante:

Wir sind seit 1987 ein lebendiges Netzwerk mit erfahrenen Beraterinnen aus unterschiedlichen Erfahrungswelten.

Wir arbeiten interdisziplinär an maßgeschneiderten Anwendungen für Organisationen, Gruppen und Einzelne in vielen Ländern.

Dabei praktizieren wir die Verbindung von Professionalität, persönlicher Verantwortung, Vertrauen und Freude am Arbeiten.

Das Ergebnis: Effizienz und Wärme einer organisch gewachsenen Organisation, die nah am Kunden ist.

Deutsches Neutralitätsgebot,
Variante Allgemeine Selbstauskunft

Auch hier erfahre ich als Interessent nicht, was für mich wirklich zählt: Wie können die mir helfen? Wie arbeiten die denn? Was sind deren Schwerpunkte? Warum die und nicht jemand anderen als Berater wählen? Auf all diese Fragen erhalte ich keine Antwort. Und da wir gerade dabei sind:

Was, bitteschön, ist denn ein „lebendiges Netzwerk"? Gibt es auch „tote Netzwerke"? Was ist eigentlich eine „maßgeschneiderte Anwendung"? Was bedeutet „eine organisch gewachsene Organisation"? Zufällig zusammengerauft? Oder besonders langsam entstanden?

Fragen über Fragen, aber kaum Antworten. Doch genau wegen der Antworten auf meine Fragen schaue ich mir Beraterseiten an! Oder nicht?

Nun wissen viele Berater inzwischen, dass es notwendig ist, auch etwas Persönlichkeit zu zeigen. Hier ein Versuch:

> Gestatten – Kerstin Schmidt-Richter
> Jahrgang 1952
> Seit 1990 Mutter von Martin
> Seit 1998 verheiratet mit dem Engländer Thomas Richter
>
> Nachdem ich auf Wunsch meiner Eltern „erstmal einen vernünftigen Beruf", nämlich Industriekauffrau, gelernt hatte, habe ich im 2. Bildungsweg Abitur gemacht und später Soziologie studiert. Heute bin ich:
>
> M.A. Soziologie
> Supervisorin BDS
> NLP Lehrtrainerin DVNLP
> NLP Therapeutin DGNLPt
> Psychotherapeutische Heilpraktikerin
>
> und arbeite seit 1982 selbstständig als Seminarleiterin, Supervisorin, Beraterin, Coach, Psychotherapeutin und spirituelle Wegbegleiterin.
>
> *Deutsches Neutralitätsgebot,*
> *Variante Spezielle Selbstauskunft*

Auch hier: viele Informationen mit wenig Relevanz. Es ist zwar schön zu wissen, dass die Dame mit einem Engländer verheiratet ist, ihr Sohn Martin heißt und sie erst einmal etwas Vernünftiges gelernt hat, aber: Wozu diese Informationen? Es macht ja durchaus Sinn, seinen Lebenslauf als Story zu verpacken, aber auch Stories leben von Zusammenhängen. Hier sind zwar Elemente der Person und Persönlichkeit erkennbar, die Verbindung zu ihrer Arbeit jedoch nicht.

Mich würde zum Beispiel interessieren, welche Auswirkungen ihre erste Ausbildung auf den jetzigen Beruf hatte; oder welche Projekte und Aufträge sie in den über 20

Jahren ihrer Tätigkeit betreut hat, was ihre inhaltlichen Schwerpunkte sind usw. Aber immerhin: Es ist der Versuch, weniger neutral zu sein!

Im letzten Beispiel sehen Sie einen ebenso häufigen Fall des deutschen Neutralitätsgebots: die reine Produktorientierung.

> Marketing- und Vertriebskonzepte
>
> Übersichtliche, prägnante, auf Ihr Unternehmen zugeschnittene Arbeitsgrundlagen
>
> Ich bin der richtige Mann an Ihrer Seite, wenn Sie beabsichtigen,
>
> ein gezieltes Marketing-Management einzuführen,
>
> Marketing- und Vertriebsprojekte umzusetzen
>
> oder als Existenzgründer den Markt erschließen wollen.
>
> Beratung, Konzepterstellung und Begleitung bei der Einführung des gezielten Marketing-Managements oder in der Weiterführung bereits begonnener Projekte
>
> *Deutsches Neutralitätsgebot,*
> *Variante Produktorientierung*

Hier sind die eigentlichen Angebote hinter Produkten versteckt, die allerdings weder aussagekräftig noch besonders nutzenorientiert dargestellt werden. Oder wissen Sie, was sich hinter „prägnante, auf Ihr Unternehmen zugeschnittene Arbeitsgrundlagen" verbirgt? Können Sie definieren, was hier unter „Marketing-Management" verstanden wird? Wissen Sie, für welche Zielgruppe der Anbieter besonders kompetent ist?

Dies ist übrigens die meines Erachtens häufigste Version von befolgtem Neutralitätsgebot. Das eigentliche Angebot wird hinter überwiegend neutralen Leistungsbeschreibungen versteckt.

Um die Falle des „deutschen Neutralitätsgebots" in Zukunft zu vermeiden, ist es hilfreich, die Ursachen hierfür zu verstehen. Aus meiner Erfahrung sind es 5 Faktoren, die hier eine Rolle spielen:

1. Die Angst, als Angeber zu gelten

Spätestens seit dem „Erfolgstrainer"-Boom Mitte bis Ende der 90er-Jahre bringen weite Teile der Bevölkerung Berater mit Leuten wie Emile Rattelband („Tschakaaa, Du schaffst es!"), Jürgen Höller („Yauuuu, Du schaffst es!) und Dr. Ulrich Strunz („Leeeeeicht wie ein Vogel! Hüpfend durchs Leben!") in Verbindung. Keine Frage, die Welle der Angeber war immens. Jürgen Höller, nach eigenen Angaben der erfolgreichste und teuerste Motivationstrainer, wurde schließlich sogar wegen verschiedener Delikte zu einer mehrjährigen Haftstrafe verurteilt. Doch auch nach seiner Entlassung scheint sich an seinem Selbstbild nichts geändert zu haben.

Beispiel Höller:

In einem ganzseitigen Leserbrief an das Magazin „managerSeminare" schreibt Höller:

„Wie kommen Sie auf die Idee, ich hätte das größte Imageproblem der Branche? Das zeigt mir, wie wenig Sie den Markt beobachten und Ihr eigenes Metier verstehen. Ich bin

jetzt acht Monate wieder auf dem Markt und behaupte, dass es keine zehn Trainer in der gesamten Branche gibt, die so gebucht sind wie ich."

Natürlich möchte kaum ein seriöser Berater mit derartigen Allüren in Verbindung gebracht werden. Da liegt es nahe, lieber „etwas neutraler und bescheidener" zu formulieren. Aber auch hier gilt das Prinzip der Balance: Zu viel Persönlichkeit kann kontraproduktiv sein, zu wenig ebenfalls. Das optimale Mittelmaß aus Inszenierung und Vertrautheit zu finden ist der entscheidende Schlüssel zu einem optimalen Marktauftritt (mehr dazu später).

2. Der Wunsch, möglichst viele Menschen zu erreichen

Jeder Selbstständige versucht, möglichst viele Personen seiner Zielgruppe zu erreichen. Uns Beratern geht es da natürlich nicht anders. Je mehr Interessenten, desto mehr mögliche Kunden haben wir. Also scheint es am einfachsten, den Marktauftritt eher allgemein zu halten, so dass für jeden etwas dabei ist. Unterstellen wir einmal, unsere Interessenten reagieren umso positiver, je eher und konkreter ihre eigentlichen Fragen auf einer Internetseite beantwortet werden. Nun können wir eine kleine Rechnung aufmachen:

Ihr relativ allgemeiner Marktauftritt enthält Themen, die 20.000 Interessenten mittelmäßig interessieren. Daher melden sich von diesen 0,01 Prozent, also insgesamt 2 Personen.

Dem gegenüber steht ein sehr persönlicher und spezieller Marktauftritt, der Themen und Fragen von nur sehr wenigen Interessenten, sagen wir 5.000, anspricht. Diese fühlen sich aber intensiv angesprochen, weswegen sich 0,2 Prozent bei Ihnen melden. Das sind immerhin 10 Personen.

Betriebswirtschaftlich gesehen ist es demnach lukrativer, wenige Personen intensiv anzusprechen als viele nur ein wenig.

3. Abschreiben bei den Großen

„Nur wer sich in der Masse versteckt, kann auch in der Masse untergehen."

Zahlreiche Berater kommen zu ihrem Beruf wie die Jungfrau zum Kinde. Nur sehr selten ist es die bewusste Entscheidung für diesen Beruf, die Anlass für eine Selbstständigkeit ist. Vielmehr führen zunehmende Unzufriedenheit im Angestelltenverhältnis, Entlassung, mangelnde Alternativen oder der Wunsch nach einem hohen Einkommen häufig zu den ersten Schritten in den Beraterberuf. Als Berater durchaus hervorragend geeignet, überlegt sich der geneigte Einsteiger nun, wie er seinen Marktauftritt gestalten soll. Was liegt da näher, als sich ein wenig umzuschauen. Die Internetseiten großer Beratungsunternehmen sind eine willkommene Quelle, denn die müssen es ja schließlich wissen. Doch was für große Beratungsgesellschaften erfolgreich sein mag, muss noch lange nicht für Einzelkämpfer zum Erfolg führen. Schon derart komplexe Versprechen kann ein einzelner Berater nur sehr selten halten:

„Generalist unter den Beratern"
Die Aufgabenbereiche sind so vielfältig wie die Herausforderungen an das Topmanagement unserer Zeit. Neben den klassischen Beratungsfeldern – darunter fallen Strategie, Organisation und Marketing – hat McKinsey in den vergangenen Jahren sein Engagement auf den Gebieten Wachstum, Innovation und Unternehmensgründung ausgebaut. Deutlich an Bedeutung gewinnen auch die Themen Corporate Finance und Informationstechnologie.
(McKinsey, Stand: 22.09.2005)

Wir arbeiten gemeinsam mit dem Top-Management unserer Klienten auf klare Wettbewerbsvorteile und nachhaltige Steigerung des Unternehmenswerts hin.
(Bain & Company, Stand: 22.09.05)

4. Die Fakten sind noch rar

Je weniger Erfahrung Sie im Beratungssegment haben, desto weniger Fakten haben Sie anzubieten. Je weniger Fakten Sie anzubieten haben, desto schwieriger ist die Gestaltung eines Marktauftritts. Die Neutralität scheint hier ein Ausweg zu sein.

Aber mal ehrlich: Wissen Sie wirklich nicht

… wen Sie beraten wollen und wen nicht?
… welche Themen Sie interessieren und welche nicht?
… was Sie Ihren Kunden konkret bieten?

… wie Sie arbeiten?

Ich bin sicher, Sie kennen die Antwort! Dann nur Mut: Zeigen Sie sich und Ihre Arbeitsweise! Und falls Sie die Fragen doch noch nicht beantworten können, kann Ihnen das Modul mit Positionierungsstrategien weiterhelfen.

5. Die Unterschätzung des Marktauftritts

Sehr viele Berater unterschätzen die Bedeutung eines stimmigen Marktauftritts. Häufig höre ich Sätze wie: „Das spielt bei mir keine Rolle. Kunden kommen über Empfehlungen" oder „Die Seite ist nur als Visitenkarte aufbereitet. Sie dient eh nur den bestehenden Kunden zur Information." Ich möchte gar nicht daran denken, wie viele potenzielle Kunden durch schnell produzierte Internetseiten und Broschüren verschreckt wurden. Und das gilt für Neukunden ebenso wie für Empfehlungskunden. Häufig lautet die Empfehlung nämlich ungefähr wie folgt: „Da kenne ich jemanden, der dir helfen kann. Geh doch mal auf die Website." Sobald dieser dem gut gemeinten Rat folgt, wird er jedoch verschreckt. Ein „buchungswilliger" Kunde wurde also mutwillig abgewehrt. Daher mein Tipp: Geben Sie Ihrem Marktauftritt Priorität!

Vielleicht haben Sie sich bereits entschlossen, Ihren Marktauftritt doch einmal auf das „deutsche Neutralitätsgebot" hin zu überprüfen. Als kleine Unterstützung können Sie dabei die folgende Checkliste nutzen:

	Ja	Nein
Ihre Spezialisierung lässt sich in einem Satz wie "Der/Die … Experte/ Expertin Deutschlands" ausdrücken.		
Diese Formulierung nutzt keinem Mitbewerber.		
Ihre Internetseite zeigt dem Kunden bereits auf der ersten Seite seinen Nutzen auf (zum Beispiel: Sie erhalten…)		
Sie sprechen von Besonderheiten in Ihrer Arbeitsweise.		
Sie sprechen von „mir/ich" statt von „dem Berater".		
Sie sagen klar, mit wem Sie arbeiten möchten und mit wem nicht.		
Ihre Seite enthält präzise Informationen zu Ihrer Person.		
Sie zeigen sich auf einer Reihe von Fotos.		
Sie beschreiben auf Ihrer Seite auch Ihre Motivation, diesen Beruf auszuüben.		
Sie vermeiden übliche Phrasen wie „systemische Beratung", „Praxistransfer", „maßgeschneiderte Seminare" etc.		

Nach diesem Kapitel ist uns klar, was nur selten funktioniert: Neutralität.

Doch wie sieht die Alternative aus? Meiner Erfahrung nach besteht sie aus drei Säulen:

- Positionierung.
- Inszenierung.
- Profilierung.

Mehr dazu im zweiten Kapitel.

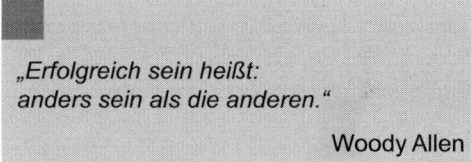

„Erfolgreich sein heißt:
anders sein als die anderen."

Woody Allen

Kapitel 2:

Drei Stichworte für Ihren Erfolg –

Was Positionierung, Inszenierung und Bekanntheit bewirken

Was macht den Markterfolg eines Beraters aus? Neben einer Vielzahl anderer Faktoren sind es erfahrungsgemäß vor allem drei Elemente, die geschäftlichen Erfolg und Bekanntheit massiv unterstützen:

▮ Positionierung.
▮ Inszenierung.
▮ Profilierung.

Diese Elemente tragen wesentlich dazu bei, Sie spannend und nutzbringend darzustellen und damit als unverwechselbare Marke bekannter zu machen.

Betrachten wir uns die Einzelbausteine:

Baustein 1: Positionierung „Nur wer anders wirkt, wird bestehen"

Über Positionierung wurde schon viel geschrieben und gesagt. Es gehört zu den „magischen Worten" der Marketing- und Beraterszene und ist für die meisten zum selbstverständlichen Vokabular geworden. Aber genau hier lauert eine Gefahr: Die Notwendigkeit, sich zu unterscheiden, wird so schnell als gegeben anerkannt, dass sie allzu selten auch wirklich beachtet und umgesetzt wird.

Doch Positionierung findet nicht durch „drüber reden", sondern nur durch aktive Positionierung statt. Sprich: Die Tat ist der entscheidende Punkt.

Meiner Definition zufolge ist die einzig erfolgreiche Positionierung die Positionierung einer Person, eines Produkts, einer Dienstleistung oder einer Idee im Kopf des Kunden.

Das heißt letztlich, dass es – auch bei Ihrem Marketing – nicht darauf ankommt, *was* Sie machen, sondern was Ihre Zielgruppen *glauben*, dass Sie machen.

Definition Positionierung

Positionierung einer Person, eines Produkts, einer Dienstleistung oder einer Idee im Kopf des Kunden.

Ein einfaches Beispiel:
Wenn ich mit Kunden an deren Positionierung arbeite, suchen wir nach Besonderheiten, die keine oder zumindest nur wenige Mitbewerber kommunizieren. Häufig sagen mir meine Kunden dann: „Jaja, ich weiß, dass der das auch sagt. Aber er macht es nicht. Ich dagegen lebe das, was ich sage!"

Natürlich ist es wichtig, Versprechen aus Ihrem Marktauftritt auch einzuhalten. Aber wenn 5 Mitbewerber mit einem bestimmten Begriff schon fest im Kopf des Kunden sitzen, dann nutzt es Ihnen leider gar nichts, wenn nur Sie es auch wirklich leben. Sie sind dem Fakt nach zwar anders, für Ihre Kunden aber an der gleichen Position. Eine meiner Meinung nach hilfreiche Regel lautet: Es zählt im Marketing zunächst nicht, was Sie sind, sondern was Sie sagen.

Praxistipp

Es zählt im Marketing zunächst nicht, was Sie sind, sondern was Sie sagen!

Nutzt ein Berater zum Beispiel als Einziger den Begriff „Umbruch-Coaching" oder eine Beraterin „Coaching für Menschen mit außergewöhnlichen Lebensläufen", werden diese beiden unweigerlich mit ihrem jeweiligen Begriff verbunden. Und genau dies positioniert sie im Kopf des Kunden an einer anderen Stelle als ihre Mitbewerber.

Diese Sichtweise von Positionierung hat noch einen weiteren Vorteil: Sie brauchen kein *ALLEIN*stellungsmerkmal mehr. Enorm viele Berater verausgaben sich bei der Suche nach ihren Alleinstellungsmerkmalen, ihren Einzigartigkeiten. Diese Strategie geht davon aus, man müsse immer etwas finden, das völlig anders ist, um im Markt zu bestehen. Ein immenser Druck, der häufig zu verkrampften „Schein-Positionierungen" führt.

Aber mal ehrlich: Auch wenn wir alle einzigartige Persönlichkeiten sind, so gibt es in unserem Beruf doch immer noch andere herausragende Anbieter.

Wie wäre es, wenn Sie stattdessen von „Besonder-Stellungsmerkmalen" ausgingen? Von etwas, das Sie besonders auszeichnet, nicht aber den Anspruch auf Einzigartigkeit erfüllen muss. Die etwas modifizierte Herangehensweise heißt also:

Dieser betonte Ausschnitt Ihres Stärken-/Schwächenprofils sollte allein von Ihnen oder von nur wenigen Mitbewerbern kommuniziert werden.

Praxistipp

Betonen Sie eine Besonderheit, die nur Sie oder wenige Mitbewerber auszeichnet! Unterscheiden Sie sich!

Das erklärt unter anderem, warum Standardprodukte im Kopf des Kunden dennoch eine besondere Rolle spielen können: weil sich die Kommunikation von den Mitbewerbern unterscheidet.

Baustein 2: Inszenierung „Nur wer spannend ist, wird bestehen!"

Vor kurzem rief mich der Veranstalter einer neuen Weiterbildungsmesse an. Er plane einen Schwerpunkt mit dem Thema „Anforderungen an Dienstleister" und fragte mich, was aus Sicht eines „Marken-Gestalters" die Hauptanforderung sei. Spontan antwor-

tete ich: „Spannend sein! Wer in Zukunft in einem beratenden Beruf bestehen will, muss wissen, wie er Kunden unterhält."

Das ist eine in Deutschland unbeliebte Aussage. Denn viele von uns haben gelernt, was zählt, sei die Leistung. Nur: Die Leistung stimmt bei vielen unserer Mitbewerber genauso. Auch Service, Zusatzangebote und formale Qualifikationen werden immer ähnlicher. Eine gute Positionierung ist daher eine wichtige Grundlage, um auf sich aufmerksam zu machen. Doch wie schaffen wir es, dass der Kunde dranbleibt? Indem wir Spannung aufbauen. Einen Film, dessen Titel zwar viel versprechend klang, der sich aber als langatmig entpuppt, schalte ich unter Umständen aus, noch bevor ich das Ende kenne. Gleiches gilt für Ihren Marktauftritt.

Inszenierung meint hier allerdings nicht sinnlose Show oder selbstverliebtes Getue. Ich verstehe unter Inszenierung vielmehr das spannende Darstellen der eigenen Person, der Produkte und Dienstleistungen.

Definition Inszenierung

Inszenierung ist das spannende Darstellen der eigenen Person, Produkte und Dienstleistungen.

Unsere Kunden verbringen schließlich einen erheblichen Teil ihrer wertvollen Zeit mit uns Beratern. Warum sollten wir ihnen, neben inhaltlicher Qualität, diese Zeit nicht auch unterhaltsam und spannend gestalten

und mit Aha-Erlebnissen versehen? Das wirkt sich nicht nur auf die Lerneffekte positiv aus, sondern auch auf das Klima der Beratung.

Nehmen wir an, genau dies sei der Wunsch unserer Kunden: Welchen Berater werden sie dann auswählen? Den Langweiler oder einen, der schon sein Marketing spannend gestaltet?

Baustein 3: Profilierung „Aus Profil wird Bekanntheit"

Was nutzen Positionierung und nötige Spannung, wenn keiner davon weiß? Die Frage, wie Sie aus einem Profil eine Profilierung machen können, ist daher der letzte entscheidende Schritt zum gelungenen Marktauftritt. Letztlich ist Profilierung nichts anderes als die Antwort auf die Frage: Wie werde ich bekannter? Sie stellt gewissermaßen das Transportmittel in den Kopf des Kunden dar.

Natürlich gibt es eine Vielzahl von Profilierungskanälen. Ich schlage Ihnen in diesem Leitfaden das Verfassen eigener Fachartikel als primäres Instrument zur Profilierung vor. Denn Fachartikel haben sich als Einstieg bewährt, weil Sie auch ohne großen externen Beratungsaufwand spürbare Erfolge erzielen können.

Wie bei jedem Gütertransport ist aber auch hier Sorgfalt geboten. Ihre Themen und Ihre Botschaft sind kostbares Gut. Wie würde ein Kutscher wertvolle, zerbrechliche Fracht über steiniges Gelände transportieren? Vor allem langsam, so dass nichts zerbricht. Genauso ist es mit der Profilierung. Sie braucht Zeit, um zu wirken. Auch wenn sich manchmal schnell erste Erfolge einstellen, dauert es in der Regel doch eine Weile, bis sich Ihre Zeit-Investition erkennbar gelohnt hat. Haben Sie also Geduld, es wird sich auszahlen.

„Es gibt Enten und Hühner.
Enten legen ihre Eier und sind still dabei.
Hühner gackern wie wild beim Eierlegen.
Und die ganze Welt kauft Hühnereier."

Dieter Bohlen

Modul 1:
Positionierung –
Wo stehen Sie im Kopf des Kunden?

Wie in Kapitel 2 beschrieben, definiert die Positionierung, wo Sie „im Kopf des Kunden" – im Vergleich zu Ihren Mitbewerbern – stehen; letztlich also, ob man Sie kennt und womit man Sie verbindet. Es gibt primär drei große Felder, über die sich positionieren können:

Feld 1:
Positionierung über ein Thema

Stellen Sie sich vor, Sie sind Arzt, um genau zu sein, Internist. Nach knapp zwei Jahrzehnten Berufstätigkeit entschließen Sie sich, mit Ihrem medizinischen Know-how im Trainingsgeschäft aktiv zu werden. Wie können Sie das schaffen?

Eine Möglichkeit bietet sich, indem Sie ein spezifisches Thema von breitem Interesse besetzen. Dr. Ulrich Strunz, „Deutschlands Fitness-Papst", hat genau dies in idealer Weise geschafft. Er erkannte Ende der 90er-Jahre, dass sich viele Menschen gerne jünger und vitaler fühlen würden. Also schrieb er ein Buch „Forever young – Das Erfolgsprogramm", welches nach kürzester Zeit die Bestseller-Listen stürmte und nach eigenen Angaben (zusammen mit anderen seiner Bücher) innerhalb von neun Monaten über eine Million Mal verkauft wurde.

Darüber hinaus gab er Seminare vor Hunderten von Teilnehmern, in denen er förmlich über die Bühne schwebte und vom „Hüpfgefühl" und „Freisein wie ein Adler" sprach. Bis heute (Stand 10/2005) folgten 17 weitere Bücher, zahlreiche Nahrungsergänzungsmittel und eigene „Strunz-Gummibären", die von Haribo im großen Stil vertrieben werden und in nahezu jedem Supermarkt zu finden sind.

Nun mag man von der Person Dr. Strunz halten, was man will, eines ist ihm gelungen: Er hat ein Thema, für das die Zeit offenbar reif war, massiv besetzt.

Schön und gut, aber geht das auch mit „ganz normaler" Beratung? Nehmen wir zum Beispiel einen typischen Business-Coach: Er coacht Führungskräfte in Unternehmen zu deren aktuellen Anliegen. Auf den ersten Blick nichts Besonderes. Doch schauen wir genauer hin: Dieser Coach hat große emotionspsychlogische Kenntnisse. Er selbst hält das für ganz normal, für ihn ist es selbstverständlich. Nicht aber für seine Kunden. Denn dieses Wissen hilft ihm, in manchen Prozessen schneller zu sein als andere Coaches. Ist ein Kunde zum Beispiel frustriert, weiß der Coach um die Grundlage von Frustration und kennt erfolgreiche Strategien, diese in einen produktiveren Zustand zu verwandeln. Seine Arbeit mit Kunden zeichnet daher aus, dass er emotionale Zustände sehr ernst nimmt, sich mit diesen beschäftigt und die erarbeiteten Lösungen um Strategien der Emotionspsychologie ergänzt. Und es geht sogar noch weiter: In seiner Berufspraxis hat dieser Coach herausgefunden, dass sich die Leistungsfähigkeit von Mitarbeitern stark verbessert, wenn diese ihre Emotionen besser im Griff haben – was er seinen Kunden durchaus anschaulich beweisen kann.

Das ist ein ganz typischer Fall: Der Berater ist überzeugt, keine Besonderheiten zu haben – meist deshalb, weil es für ihn Selbstverständlichkeiten sind. Bei genauerer Betrachtung finden sich jedoch häufig *thematische* Besonderheiten wie oben beschrieben.

Aus diesen lässt sich eine *Themenpositionierung* machen. So kann man die Arbeit unseres Coaches zum Beispiel ruhigen Gewissens als *Emotionales Leistungsmanagement* bezeichnen. Ein konkretes Thema und damit eine klarere Positionierung als „Business-Coach". Mit diesem Begriff kann er die gleichen Personen beraten wie bisher. Allerdings wird er stärker wahrgenommen, denn fast jeder wird von ihm wissen wollen: „Emotionales Leistungsmanagement. Was ist denn das?" Eine wunderbare Gelegenheit, von der eigenen Arbeit zu berichten.

Auch wenn andere Coaches ebenso gute Ergebnisse für ihre Kunden erzielen, er unterscheidet sich und ist im Kopf des Kunden somit abseits der „Standard-Coaches" positioniert.

Folgende Punkte sind für eine Themenpositionierung von Bedeutung:

Entspricht das Thema Ihrer Kernkompetenz?

Gerade bei der Positionierung über ein Thema werden Sie stark mit diesem Thema identifiziert. Um hier glaubhaft zu sein, sollte das Thema also mit Ihrer Kernkompetenz übereinstimmen. Sie sollten auch kritischen Fragen standhalten können, die wissenschaftliche Seite der Thematik kennen, aktuelle Literaturtipps dazu parat haben und erklären können, warum Sie gerade dieses Thema so beschäftigt. All dies funktioniert letztlich nur, wenn Sie Ihre Kernkompetenz zum Mittelpunkt Ihrer Arbeit gemacht haben.

Haben Sie alleine das Thema mit diesem Begriff besetzt?

Wie bereits erwähnt, kommt es nicht darauf an, wie viele Ihrer Mitbewerber so arbeiten wie Sie. Es kommt darauf an, wie viele das auch so benennen. Gerade bei dieser Positionierungsform ist es entscheidend, dass bislang kein Mitbewerber mit Ihrem Begriff gearbeitet hat. Denn nur so wirken Sie einzigartig und damit interessant. Ein einzigartiger Begriff hat übrigens noch einen Vorteil: Schlagworte sind für Medien enorm wichtig, da sie helfen, komplexe Zusammenhänge einfach darzustellen. Und es fällt leichter, über Sie zu berichten, wenn man sagen kann: „Das ist Europas Expertin für…" oder „Der bekannte xy-Experte".

Weckt der gewählte Begriff Interesse?

Der beste Begriff nutzt Ihnen nichts, wenn er langweilig klingt. Spannend wird ein Begriff vor allem dadurch, dass er neu oder etwas ungewohnt klingt. Eine ungewöhnliche Verknüpfung wie „Emotionales Leistungsmanagement" oder ein Thema wie „Umbruch-Coaching" wecken Interesse – und Sie haben die Chance zu erklären, was Sie damit meinen.

Klingt der Begriff dennoch vertraut oder zumindest positiv?

Ein Begriff wie „schwarze Rhetorik" für ein provokatives Rhetoriktraining mag zwar interessant klingen, weckt aber nicht unbedingt positive Assoziationen. Wenn die Kundschaft dabei eher an schwarze Magie oder Ähnliches denkt, ist die Wirkung verfehlt. Also: Positive oder zumindest neutrale Assoziationen beim Interessenten sind Pflicht.

Arbeiten Sie auch wirklich primär zu diesem Thema? Ist das sichtbar/ spürbar? (Stichwort: Scheinpositionierung)

Auf nichts reagiert dieser Markt ablehnender als auf Phrasendrescher. Unsere Branche hat in den letzten Jahren immer wieder neue Wortkreationen für Althergebrachtes erfunden – häufig nur um sich zu „vermarkten" und sich kurzfristig ins Gespräch zu bringen. Worum es mir aber geht, ist der Aufbau einer langlebigen Marke. Denn anders als bei einem x-beliebigen Produkt überprüfen Interessenten sehr genau, ob Sie auch wirklich hinter Ihrem Thema stehen. Scheinpositionierungen, die zwar Aufmerksamkeit erregen, sich aber rasch als „Potemkinsche Dörfer" entpuppen, haben bei den immer kritischer werdenden Kunden kaum noch eine Chance.

Passt das Thema in der Wahrnehmung der Zielgruppe zu Ihnen?

Eine entscheidende Frage! Die Bedeutung möchte ich Ihnen am Beispiel eines Vortragsteilnehmers erklären:

Vor kurzem kam nach einem Vortrag ein Berater auf mich zu. Er stand unsicher vor mir, den Kopf leicht eingezogen, flache Atmung, ausweichende Blicke. Als er mir dann leise erzählte, er sei auf das Thema „Humor" spezialisiert, war mir klar: Das glaubt ihm kein Mensch! Selbst wenn er ein wirklicher Spezialist für Humor gewesen wäre, hätte ihm das Thema niemand abgekauft.

Wechseln Sie also mal die Perspektive, und versetzen Sie sich in die Situation des Kunden: Würden Sie sich mit Ihrem Thema ernst nehmen?

Feld 2: Positionierung über eine besondere Methode

Methoden sind das Handwerkszeug in beratenden Berufen und daher selbstverständlich. Dennoch kommt es immer wieder vor, dass Berater ungewöhnliche Methoden verwenden, die interessant genug sind, um daraus eine Positionierung zu machen. Ein bekanntes Beispiel ist Rolf H. Ruhleder:

Ruhleder ist Rhetoriktrainer. Deutschlands härtester Rhetoriktrainer. So betiteln ihn immer wieder verschiedene Medien. Tatsächlich absolvieren die Teilnehmer seiner Seminare ein hartes Programm. Strafpunkte bei Fehlern und gelbe Karten für Kopfschütteln sind nur einige seiner Instrumente. Für diese harte Schule bezahlen Führungskräfte zwischen 2.000 und 3.000 Euro pro Seminar, und die Seminare sind meist ausgebucht.

Was macht er anders? Ruhleder hat seine Methode, die Härte im Feedback, zu seinem Markenzeichen gemacht.

In einem Interview darauf angesprochen, sagt er: „Nun, jeder hat sich bei meinen Seminaren an gewisse Regeln zu halten. Es gibt zum Beispiel gelbe Karten für Kopfschütteln und Dazwischenreden, und wer zu spät kommt, wird gleich zu einer speziellen Runde nach vorne gebeten."

Doch Vorsicht: Methoden wie „systemische Arbeitsweise", „Strategiearbeit nach GROW" usw. sind zwar Ihr Handwerkszeug, werden aber von vielen Ihrer Mitbewerber ebenfalls in den Markt kommuniziert. Methodenpositionierungen sind nur sinnvoll, wenn …

▨ Ihre Methode sich wirklich unterscheidet,

also nicht zum Standard-Repertoire eines Beraters gehört, oder wenn Sie eine Standardmethode auf besondere Weise ausführen; denn auch dann ist sie keine Standardmethode mehr.

▨ dieser Unterschied unmittelbar kommunizierbar ist.

„Deutschlands härtester Rhetoriktrainer" ist problemlos vermittelbar, nahezu jeder hat sofort eine Assoziation. Schnelle Kommunizierbarkeit ist die Grundlage der Methodenpositionierung. Insofern ist verständlich, warum „Systemisches Coaching" – bereits als noch wenige davon sprachen – für wenig Aufmerksamkeit sorgte.

▨ ein Nutzen der Methode vorhanden und sichtbar ist.

Beratung im Kopfstand wäre zwar anders und auch spannend, allerdings von nur geringem Nutzen für den Kunden. Härte im Feedback hingegen bringt einen sofortigen Nutzen.

▨ die Methode auch wirklich zu Ihnen passt.

Unser Humorexperte, der selbst kaum einen Ton herausbrachte, hätte sicherlich auch mit der Methode Humor schlechte Karten gehabt. Rolf Ruhleder hingegen vertritt seine Methode glaubhaft mit seiner Persönlichkeit.

Und auch hier gilt: Häufig sind es die Aspekte, die Ihnen selbst nicht mehr auffallen, die sich aber für eine Positionierung hervorragend eignen. Gudrun Happich zum Beispiel, eine Beraterin aus Berlin, ist diplomierte Naturwissenschaftlerin, gelernte systemische Beraterin und mit 7.500 Coaching-Stunden eine der erfahrensten Coaches in Deutschland. Die Verbindung Naturwissenschaft – Systemisches Coaching ist für sie selbstverständlich. In ihrer neuen Positionierung als Expertin für Bio-Systemik (Lernen von der Natur) wird auch für Kunden schnell klar, worin ihre Kernkompetenz liegt. Eine Methode mit Positionierungspotenzial.

Feld 3:
Positionierung über eine bestimmte Zielgruppe

Sind Sie aufgrund Ihrer Erfahrung für eine spezifische Branche besonders glaubhaft? Haben Sie umfangreiches Wissen, das vor allem einer bestimmten Hierarchieebene nutzt? Sind Ihre Kunden bestimmte Typen von Unternehmen oder Einzelpersonen?

Dann kann für Sie eine *Zielgruppenpositionierung* Sinn machen. Prinzipiell ist eine Zielgruppenpositionierung in 4 Bereichen möglich:

▨ 1. Positionierung für eine bestimmte Branche

Sie haben mehr als zehn Jahre in einer bestimmten Branche gearbeitet? Kennen deren Sprache, typische Anliegen der Unternehmen, die Marktsituation? Hier kann eine Branchenspezialisierung sinnvoll sein. Geschäftsführer, Personalentwickler und Führungskräfte sind häufig auf der Suche nach Beratern, die eine möglichst große Wirkung erzielen können. Ein Insider braucht sich nicht lange mit den Rahmenbedingungen der Branche und deren Sprache zu beschäftigen, sondern kann mit dem Kunden sofort konkrete Anliegen bearbeiten. Das Gleiche gilt zum Beispiel für kreative

beratende Berufe wie den eines Texters. Auch hier hilft das Wissen um die Branche des Kunden bei der täglichen Arbeit. Wichtig ist natürlich, dass Sie die nötige Erfahrung in dieser Branche mitbringen. Zehn Jahre sind dabei ein grober Richtwert. Auch fünf Jahre Erfahrung können durchaus ein starkes Argument sein, wenn Sie in dieser Zeit eine Vielzahl von wichtigen Projekten betreuen konnten. Dass sowohl Projekte als auch die Zahl der Berufsjahre nachweisbar sein müssen, ist selbstverständlich.

In einzelnen Beratungssegmenten wie dem klassischen Business-Coaching kommt es zwar auch vor, dass bewusst branchenfremde Dienstleister gebucht werden, um einen unvoreingenommenen Blick von außen zu erhalten. Das ist jedoch eher die Ausnahme.

▨ 2. Positionierung für eine bestimmte Abteilung

Ist Ihre Erfahrung in einer bestimmten Abteilung, zum Beispiel Vertrieb, Entwicklung, Buchhaltung etc., besonders umfassend, können Sie sich auch auf diese Abteilungen spezialisieren. Während Vertriebstraining eher ein alter Hut ist, gibt es beispielsweise nur wenige Berater, die sich auf die Abteilung „Forschung & Entwicklung" spezialisiert haben.

Beispiel Forschung & Entwicklung:
Einer von ihnen ist Bernhard A. Zimmermann. Er hat selbst mehr als 16 Jahre in Forschungs- und Entwicklungsabteilungen gearbeitet und schreibt daher zu Recht:

„Mit 16 Jahren Berufserfahrung, nahezu komplett im Bereich Forschung & Entwicklung, kenne ich die spezifischen Anforderungen von Entwicklern und an Entwickler. Ich kenne deren Themen, Probleme und alltäglichen Herausforderungen aus meiner eigenen Tätigkeit als ehemaliger Programmleiter bei Unilever in Deutschland, Großbritannien und den Niederlanden. Daher spreche ich ihre Sprache."

Und genau das ist der Grund, warum seine Kunden so effektiv mit ihm arbeiten können.

3. Positionierung für bestimmte Hierarchieebenen

Gleich ob Beratung von Trainees, neuen Führungskräften, Fachkräften der unteren oder oberen Ebenen, dritte Führungsebene oder Top-Management: Die Anliegen dieser Kunden unterscheiden sich oft erheblich. Hier ist ein Berater gefragt, der für die speziellen Anforderungen der Ebene gerüstet ist. Das gilt für Inhalte und Themen der Kunden ebenso wie für deren Sprache und Arbeitskultur.

Wichtig auch hier: Wie glaubhaft sind Sie für diese Hierarchieebene? Welche konkreten Erfahrungen konnten Sie hier selbst sammeln? Denn bei keiner anderen Positionierung kommt es so auf Authentizität an wie bei der Zielgruppenpositionierung.

4. Psychografische Zielgruppendefinition

Manche Menschen passen einfach zusammen. Und so kann es passieren, dass Sie für einen bestimmten Menschentypus der ideale Berater sind.

Peter Haas beispielsweise ist „Coach für Unternehmen in Bewegung". Er meint damit eine bestimmte Unternehmenskultur und schreibt auf seiner Internetseite:

"Es gibt Unternehmen, die sich aus Zwang bewegen und verändern – und es gibt Unternehmen, für die Bewegung zur Kultur gehört. Manche würden am liebsten immer so weiter machen wie bisher. Andere verändern regelmäßig ihre Lage aufgrund von Innovation, Kreativität und Esprit. Sie bleiben am Ball, veranlassen nicht nur das unbedingt Notwendige, sondern auch das perspektivisch Sinnvolle – und sie beeindrucken durch ihr Tempo.

Wenn Sie zu diesen Unternehmen gehören oder gehören möchten, ist ein ‚Coach in Bewegung' für Sie und Ihr Unternehmen der Richtige. Meine Themen für Sie sind unter anderem: (...)"

Wenn Sie Peter Haas persönlich erleben, so wird Ihnen schnell klar: Das passt hundertprozentig zu ihm: Hier ist ein „Coach in Bewegung" für „Unternehmen in Bewegung".

Bei einer Zielgruppenpositionierung sind unter anderem die drei folgenden Faktoren entscheidend für Ihren Erfolg:

■ Sind Sie Experte für diese Zielgruppe?

An vier Hauptkriterien kann Ihre Zielgruppe Ihre Expertenrolle definieren. Zunächst einmal ist da natürlich Ihr **Wissen**, fachlich wie zielgruppenspezifisch. Kennen Sie sich im Rahmen Ihrer Kernkompetenz aus und haben Sie ein solides theoretisches Fundament? Wissen Sie, wie Ihre Zielgruppe „tickt", und kennen Sie deren Art zu sprechen? Kennen Sie Fachvokabular? Kennen Sie den Wettbewerb dieser Branche, dieser Abteilung oder dieser Hierarchieebene?

Das beste Wissen nutzt allerdings nichts, wenn Sie es nicht praktisch angewandt haben. Welche **Erfahrung** haben Sie also mit dieser Zielgruppe? Wie viele unterschiedliche Probleme haben Sie schon gemeinsam mit Ihren Kunden angepackt? Wie viele Erfolge haben Sie erzielt? Welche Misserfolge mit Lerneffekt gab es?

Mit der Erfahrung verknüpft sind Ihre **spezifischen Referenzen**. Wie viele Unternehmen, Abteilungen oder Personen Ihrer Zielgruppe haben Sie schon beraten? Wie intensiv? Welche konkreten Ergebnisse gab es?

Der Wunsch nach Referenzen ist bei Zielgruppenpositionierungen in der Regel am stärksten ausgeprägt. Fragen wie „Welche unserer Mitbewerber haben Sie schon beraten?" oder „Wie viele Top-Management-Klienten hatten Sie denn im letzten Jahr?" sind hier verständlicherweise an der Tagesordnung.

Neben diesen harten Fakten ist es letztlich Ihre **persönliche Ausstrahlung**, die Sie für eine bestimmte Zielgruppe glaubhaft macht. Dies sind neben äußerlichen Faktoren wie Kleidung auch Parameter wie Ihre Entschiedenheit im Auftreten, Händedruck, die Art des Sprechens und vieles mehr. Wenn Sie hier den Eindruck eines kompetenten Insiders machen, verstärkt das wiederum die Wirkung der anderen Faktoren.

■ Sind Ihre Aussagen exakt auf diese Zielgruppe abgestimmt?

Ist Ihr Angebot auf eine spezielle Zielgruppe hin optimiert, macht es natürlich Sinn, diese direkt anzusprechen. Das beinhaltet deren typische „Leidensdruck-Themen" ebenso wie typische Fachvokabeln und die aktuelle Marktsituation.

Das klingt selbstverständlich, wird aber immer wieder vernachlässigt. Um „die anderen potenziellen Kunden nicht zu vergraulen", verzichtet man lieber auf spezifischen Sprachgebrauch – und vergibt so die Chance, als Experte für diesen Personenkreis zu wirken.

■ Wollen Sie bei dieser Zielgruppe bleiben?

Eine einfache und gleichzeitig enorm wichtige Frage. Sind Sie einmal „Experte für Buchhalter", werden Sie mit der Positionierung einen erheblichen Teil Ihrer beruflichen Laufbahn verbringen. Das setzt natürlich voraus, dass Sie mit genau jenen Menschen auch auf Dauer zusammen sein möchten.

Natürlich kommt es immer wieder vor, dass sich Positionierungen über keines der drei genannten Felder aufbauen lassen. Aber auch dann ist die Lage nicht hoffnungslos: Es gibt auch hier Strategien, mit denen Spezialisierungspotenzial erschlossen werden kann. Da dies jedoch nur bei einer kleinen Zahl Berater notwendig ist, möchte ich im Rahmen dieses Praxisleitfadens nicht näher darauf eingehen. Gerne gebe ich Ihnen aber per E-Mail ein Feedback zu dieser Frage. Meine E-Mail-Adresse finden Sie am Anfang des Buches.

Modul 2:
Fachartikel – Publish or Perish

Der amerikanische Ausdruck „publish or perish" bringt es auf den Punkt: „Publizieren oder untergehen!". Wenn Sie nicht gerade in der luxuriösen Position sind, dass Medien *über* Sie schreiben, ist das Publizieren von Fachartikeln nach wie vor eine der besten Möglichkeiten, Bekanntheitsgrad aufzubauen. Umgekehrt gibt es kaum einen namhaften Berater, der nicht über Fachpublikationen populär geworden wäre. Doch wie lässt sich das realisieren? Ich schlage Ihnen hier einen Weg vor, Kontakte zur Presse aufzubauen, den ich „Naive Pressearbeit" nenne.

Die Grundannahmen:

1. Journalisten sind Menschen
Diese etwas überzeichnete Formulierung klingt logisch. Und dennoch raten viele PR-Experten zu immenser Vorsicht im Umgang mit Journalisten. Es wird unterstellt, der Journalist habe nicht immer gute Absichten und sei – zumindest am Rande – bemüht, negative Aspekte in den Vordergrund zu rücken.

Ich halte es da mit dem Sprichwort: „Wie man in den Wald hineinruft, so schallt es heraus." Im Team haben wir täglich Kontakt mit Journalisten verschiedener Redaktionen. Meine Erfahrung: Je unbefangener wir miteinander umgehen, desto einfacher funktioniert der Kontakt. Natürlich gibt es, wie in jeder Geschäftsbeziehung, auch Schwierigkeiten und Meinungsverschiedenheiten, die

aber mit einer positiven Grundhaltung viel schneller ausgeräumt sind.

Insofern nenne ich diese Form der Pressearbeit „naive Pressearbeit", naiv bedeutet hier „unbefangen, natürlich, echt" [vgl. dtv, Ethymologisches Wörterbuch].

2. Journalisten sind Geschäftsleute
Was bewegt uns als Unternehmer? Eine der Hauptfragen: Wie können wir unseren Kunden Nutzen bieten und damit unser Geschäft erfolgreich betreiben? Exakt die gleiche Frage bewegt einen Journalisten: Wie kann ich dem Leser etwas bieten?

Wenn Sie sich diese Frage als „Artikel-Anbieter" ebenfalls zu Eigen machen und sie sich immer wieder stellen, bildet das eine gute Geschäftsgrundlage im Umgang mit Redaktionen. Denn: Sie beide haben ein Interesse daran, einen Artikel zu veröffentlichen, „der zieht".

Auch das klingt simpel, wird aber allzu häufig vernachlässigt. Redaktionen werden regelmäßig mit Themen wie „Das 10-jährige Jubiläum der xyz-Berater-GmbH", „Personalentwicklung durch Coaching" oder „Aufstellungsarbeit in Unternehmen" überschüttet, die eben nicht den Lesernutzen als oberstes Ziel haben.

Ihr Fachartikel hingegen sollte dem Leser **mindestens einen** Mehrwert bieten. Dieser kann sein:

eine Neuigkeit

Eine wirklich neue Methode, eine neue Theorie, eine neue Studie usw. können Inhalte mit entsprechendem Wert sein. Die Betonung liegt hier auf *wirklich neu*. Außerdem muss die Information für den Leser relevant sein, also einen Nutzwert enthalten.

eine große Tragweite

Fachartikel über Prozesse von enormer Tragweite sind immer spannend. Ein Fachartikel über den erfolgreichen Abbau von Arbeitslosigkeit durch ein spezielles Projekt hätte diese Tragweite ebenso wie die Erfindung eines völlig neuen Kommunikationsmittels.

Nähe und Betroffenheit

Je betroffener der Leser bei einem bestimmten Thema ist, desto höher sind die Publikationschancen. Das ist wohl einer der Gründe, warum Themen wie Marketing und Umsatzsteigerung nach wie vor sehr beliebt sind. Wenn es also zentrale „Leidensdruck-Themen" der Leser gibt, zu denen Sie etwas schreiben können, wird Ihr Beitrag sicherlich gelesen.

Gesprächs- und Unterhaltungswert

Schreiben Sie über ein besonders „publikumsfähiges" Thema? Wird über Ihr Thema gerne gesprochen? Das sind Indikatoren für einen großen Gesprächs- und Unterhaltungswert, der Ihre Publikationschance ebenfalls erhöht.

In der Kürze liegt die Würze

Stellen Sie sich einmal vor, Sie sind Redakteur eines renommierten Fachmagazin. Nach der morgendlichen Redaktionskonferenz sichten Sie das Material des Tages: zahlreiche Pressemitteilungen, Artikelangebote, redaktionsinterne Notizen und E-Mails liegen bereit. Daneben müssen Sie selbst Beiträge schreiben, andere Artikel redigieren, recherchieren, Ihre Wettbewerbspublikationen im Auge behalten, Telefonate erledigen, sich mit Kollegen abstimmen und und und …

Nun erhalten Sie ein wohlgemeintes Artikelangebot eines Beraters, der in epischer Breite den Nutzen eines Themas und die Besonderheiten seiner Person preist. Angehängt sind 5 Seiten mit Material zum Thema. Wie gewillt sind Sie, diesem Angebot eine Chance zu geben? Wohl kaum! Und genau deshalb sollte Ihre Kommunikation mit Redakteuren nur die notwendigen Informationen enthalten.

> **Hinweis**
>
> Mehr zur Kommunikation mit Journalisten finden Sie auf Seite 33

Wenn Sie diese Grundannahmen beherzigen, sind es in der Regel sechs Schritte bis zu einer Zusage für einen Artikel:

Schritt 1:
Sammeln Sie Ideen

Schritt 2:
Recherchieren Sie Medien

Schritt 3:
Überprüfen Sie das Medium
hinsichtlich Ihrer Zielgruppen

Schritt 4:
Erstellen Sie ein Exposé

Schritt 5:
Schreiben Sie den
passenden Redakteur an

Schritt 6:
Fassen Sie nach

Schritt 1: Sammeln Sie Ideen

Wie bei jeder kreativen Tätigkeit sind Ihre Ideen die Basis für Ihre Publikationen. Doch wie entwickeln Sie Ideen für Artikel?

Die folgenden 10 Fragen haben sich in der Praxis bewährt:

10 Fragen zur Ideensammlung:

▓ Was sind die 7 größten Leidensdruckthemen Ihrer Kunden (=Leser)?

▓ Welches Problem Ihrer Kunden können sie am besten lösen?

▓ Was sind Ihre 5 wichtigsten Kernkompetenzen?

▓ Was sind, neben Ihrer Arbeit, Ihre 5 wichtigsten Interessensgebiete?

▓ Gibt es zu Ihrem Beratungsthema Erfolgsgeheimnisse (zum Beispiel „Die 7 wichtigsten Strategien für xyz")?

▓ Welche 5 erfolgreichsten Projekte haben Sie mit Kunden umgesetzt? Wie lassen sich diese als Fallstudie darstellen?

▓ Was wird von Personen/Unternehmen im Gebiet Ihrer Kernkompetenz immer wieder falsch gemacht?

▓ Was sind aktuelle Themen und Trends Ihres Fachbereichs, die sich spannend aufbereiten lassen?

▓ Was sind die drei provokativsten Thesen, die Sie zu Ihrem Fachbereich formulieren können?

▓ Was bekommt Ihr Kunde nur bei Ihnen?

▓ Zu welcher Zielgruppe besteht eine besondere Beziehung?

▓ Gibt es bestimmte Fähigkeiten oder fachliches Wissen, das Sie zurzeit noch nebenbei an Kunden weitergeben, damit aber enormen Nutzen bieten?

Diese Antworten liefern Ihnen bestimmt eine geeignete Grundlage für eine erste Artikelidee. Fragen Sie sich einfach, welche Kombination der gesammelten Aspekte für den Leser interessant sein könnte. Ist Ihre Kernkompetenz zum Beispiel „Rhetorik" und sind Sie ein begeisterter Hobbykoch, stieße ein Artikel über die Wirkung von Fernsehköchen und was wir daraus lernen können sicherlich auf Interesse. Oder beraten Sie Unternehmen bei der grafischen Gestaltung ihres Marktauftritts und kennen sich besonders gut mit DAX-30-Unternehmen aus, so wäre ein Artikel zur grafischen Außendarstellung der DAX-30-Unternehmen denkbar. Ihren Ideen sind keine Grenzen gesetzt – solange Sie interessant und nutzbringend schreiben.

Am Ende der Ideensammlung sollten Sie drei kurze Ideenskizzen zu möglichen Artikeln erstellen. Jede Skizze benötigt einen knackigen Titel und einen kurzen „Teaser", also „Heißmacher". Ein Beispiel:

Beispielskizze für Fachartikel:

Bunte Hunde:
Wie Sie Ihren Lebenslauf als Berater interessant darstellen!

Kaum eine Branche besteht aus so vielen unterschiedlichen Menschentypen und Lebensläufen wie die Beratungsbranche. Viele Coaches, Trainer und Unternehmensberater sind Quereinsteiger und haben ein ziemlich bewegtes Leben. Dadurch wären sie eigentlich interessant. Doch was machen sie daraus auf ihren Internetseiten und in Broschüren? Ein Profil gleicht dem anderen, Hauptsache, man wirkt möglichst sachlich. Schuld daran ist häufig das „deutsche Neutralitätsgebot".

Es besagt: „Was zählt, ist die Leistung. Wer sich als Person in den Vordergrund stellt, ist ein Angeber."

Wie Berater ihren Lebenslauf interessant, kompetent und vor allem wirkungsvoll darstellen können, zeigt Giso Weyand in seinem Artikel. Um das Thema anschaulich zu gestalten, nutzt er zahlreiche positive und negative Beispiele und veranschaulicht so Verbesserungspotenziale.

Drei solcher Ideenskizzen zu haben ist eine gute Arbeitsgrundlage.

Schritt 2: Recherchieren Sie Medien

Nun stellt sich die entscheidende Frage: Wo wollen Sie publizieren, also welche Medien kommen überhaupt in Frage? Als Auftakt eignen sich Internetmedien optimal, da hier auch Beiträge von „Publikationseinsteigern" gerne genommen werden. Allgemeine Plattformen wie ActiveBooks (www.activebooks.de) oder CompetenceSite (www.competence-site.de) sind hier ebenso geeignet wie fachspezifische Onlinemagazine. Neben dem leichten Einstieg haben Online-Publikationen einen weiteren Vorteil: In kurzer Zeit haben Sie erste Einträge in Ihrer Publikationsliste. Das wiederum ist eine gute Voraussetzung, um auch Printmedien zu interessieren.

Ist die Hürde der ersten Online-Publikationen geschafft, geht es an die Auswahl von Printmedien. Der einfachste Weg, relevante

Magazine und Zeitungen herauszufinden, ist der Besuch einer gut sortierten Bahnhofsbuchhandlung. Stöbern Sie einmal, wo Sie am liebsten Ihren Artikel unterbringen möchten. Natürlich gilt auch hier: klein anfangen. Ein Einstieg im Harvard Business Manager wäre zwar erstrebenswert, gestaltet sich zu Beginn jedoch eher schwierig. Es empfiehlt sich übrigens, nicht nur in Branchenmedien wie der Weiterbildungspresse zu recherchieren. Denn manchmal bieten branchenfremde Magazine eine noch bessere Plattform. Bieten Sie zum Beispiel Organisationsberatung für Ingenieurbüros an, kann eine Ingenieurzeitung Ihr mediales Sprungbrett sein, zumal hier nicht so oft über Beratungsbereiche berichtet werden dürfte. Somit steigt gleichzeitig Ihre Chance auf die entsprechende Wahrnehmung.

Möchten Sie Ihre Mediensuche systematischer gestalten, nutzen Sie Medienverzeichnisse. Die bekanntesten sind die Medienhandbücher STAMM und ZIMPEL, erreichbar unter www.stamm.de und www.zimpel.de. Die Investition von einigen hundert Euro lohnt sich allerdings erst bei einer intensiveren Publikationstätigkeit. Dafür erhalten Sie hier dann aber auch weitere relevante Informationen zu Auflagen, Zielgruppen und Ansprechpartnern in den Redaktionen. Diese Details müssen Sie ansonsten – im nächsten Schritt – eigenständig recherchieren.

Schritt 3: Überprüfen Sie das Medium hinsichtlich Ihrer Zielgruppen

Dieser Schritt dient der Klärung einer wichtigen Frage: Erreichen Sie mit einem Beitrag in dem Medium auch wirklich Ihre Zielgruppe? Um das zu beantworten, lohnt sich ein Blick in die Mediadaten, die nahezu alle Zeitungen und Magazine im Internet veröffentlichen. Mediadaten – eigentlich für Anzeigenkunden gedacht – beschreiben Auflage und Leserschaft des jeweiligen Mediums.

Im so genannten Themenplan können Sie die geplanten Schwerpunktthemen der nächsten Ausgaben nachlesen. So können Sie, falls ein Themenschwerpunkt geplant ist, Ihren Beitrag zielgerichtet anbieten.

Schritt 4: Erstellen Sie ein Exposé

Natürlich können Sie einen Artikel zunächst schreiben und dann dem Medium Ihrer Wahl vorschlagen. Das hat jedoch zwei entscheidende Nachteile: Erstens haben Sie schon den Schreibaufwand ohne zu wissen, ob Ihr Artikel jemals abgedruckt wird. Zweitens liefern erfahrene Profis aufgrund der geringen zeitlichen Möglichkeiten üblicherweise zunächst einen Themenvorschlag und warten auf die Zu- oder Absage. Mit einem Vorschlag wirken Sie also gleich professionell.

Daher schlage ich vor, zunächst einen Themenvorschlag mit einigen Zusatzinformationen (Exposé) einzureichen und diesen mit

Muster-Exposé Fachartikel „Das deutsche Neutralitätsgebot"

Das deutsche Neutralitätsgebot:
Wie Sie sich als Berater interessant machen

Die Kunden von Beratern, Trainern und Coaches kennen die Sätze inzwischen auswendig: „Als Berater ist mir eine ganzheitliche Betrachtungsweise besonders wichtig", „Meine Arbeitsweise ist systemisch orientiert", „Keine Ware von der Stange, sondern nur Maßanzüge". Ein Großteil der Berater verwendet solche Formulierungen und erreicht damit nur eines: Er geht in der Masse unter. Eine Metaanalyse von 400 Berater- und Trainerwebseiten ergab, dass nahezu 95 Prozent der Seiten beliebig austauschbar waren. Die Ursache: das „deutsche Neutralitätsgebot" mit der Grundannahme

„Was zählt, ist die Leistung.
Wer sich als Person in den Vordergrund stellt, ist ein Angeber."

Die fatalen Folgen dieser Mentalität sowie Möglichkeiten, es als Berater anders zu machen, zeigt dieser Artikel auf.

Inhalte:
Das deutsche Neutralitätsgebot und seine schwerwiegenden Folgen
So werden Sie als Berater interessant
Interessant durch Positionierung
Interessant durch herausragende Texte
Interessant durch ein Profil mit Persönlichkeit
Was Ihnen das bringt

Zielgruppe:
Coaches, Trainer und Berater

Lesernutzen:
Der Leser erhält konkrete Strategien, wie er sich von der Masse der Berater unterscheiden kann. Dies schafft für ihn eine höhere Wahrnehmung bei potenziellen Kunden. Der Artikel wird gestützt durch zahlreiche konkrete Beispiele aus der Beratungsbranche.

Der Autor:
Giso Weyand gehört zu den wenigen „Marken-Machern" Deutschlands. Seit 1997 unterstützt er Berater, Unternehmer und Personen des öffentlichen Lebens dabei, sich einen Namen zu machen, Expertenstatus zu erreichen und diesen zu stabilisieren. Dabei steht die Frage im Zentrum, wie sich Persönlichkeiten, Dienstleistungen und Produkte spannend darstellen lassen. Ziel ist es, die eigene Anziehungskraft so zu erhöhen, dass Kunden sich ohne aktive Akquise für den Berater und dessen Angebot interessieren.

der jeweiligen Redaktion abzustimmen. Die Themen stammen aus Schritt 1, also Ihrer Ideensammlung und den drei Titelideen mit Teasern.

Ein Exposé-Beispiel finden Sie auf der gegenüberliegenden Seite.

Auf einer DIN-A4-Seite erhält die Redaktion somit alle relevanten Informationen zum geplanten Artikel. Meine Empfehlung: Investieren Sie ausreichend Zeit in Ihr Exposé. Titel, „Teaser", Inhalt, Lesernutzen und Ihre Personenbeschreibung müssen so formuliert sein, dass Sie auf den ersten Blick Interesse wecken. Je gründlicher Sie hier sind, desto größere Chancen auf Publikation haben Sie. Hinzu kommt, dass Sie Übung darin bekommen, Ihre Themen knackig auf den Punkt zu bringen. Das kommt Ihnen in Ihrer täglichen Arbeit, beim Verkauf Ihrer Dienstleistung und Ihrer Medienarbeit immer wieder zugute.

In sehr wenigen Ausnahmen wird von Redaktionen dennoch ein kompletter Artikel verlangt, bevor eine Entscheidung über die Publikation getroffen wird. Das gilt insbesondere für so renommierte Medien wie den Harvard Business Manager, wo ein ganzes Gremium über Ihren Artikel befindet.

Schritt 5: Schreiben Sie den passenden Redakteur an

Nun sind Sie bereit und können Ihr Exposé per E-Mail versenden. Vorher brauchen Sie natürlich Namen und Kontaktdaten des richtigen Ansprechpartners. Den finden Sie in der Regel im Impressum des Magazins. Bitte schreiben Sie niemals den Chefredakteur direkt an. Das gilt in der Branche als verpönt und wäre ein falsches Signal. Außerdem haben Chefredakteure häufig ein Sekretariat, das Ihre E-Mail vorher abfängt. Beim entsprechenden Redakteur des Ressorts hingegen sind Sie an der richtigen Adresse.

Wenn wir von den anfangs beschriebenen Grundannahmen ausgehen, ist der jeweilige Redakteur ein „Geschäftsmann" wie Sie, das heißt, er ist stets an guten Artikeln interessiert. Nach meiner Erfahrung brauchen Sie daher kein großes Aufhebens zu machen. Die folgende E-Mail ist meines Erachtens völlig ausreichend:

Sehr geehrte/r Frau/Herr ..
Gerne möchte ich Ihnen einen Artikel zum Thema „xyz" für Ihr Magazin anbieten.

Ein Exposé habe ich angehängt.

Ist das interessant für Sie? Variationen des Themas sind denkbar, die Länge des Beitrags ist variabel.

Vielen Dank und herzliche Grüße

Mit dem letzten Satz signalisieren Sie Flexibilität im Hinblick auf Thema und Länge. Denn es kommt durchaus vor, dass ein Redakteur zwar nicht an diesem, aber an einem ähnlichen Thema Interesse hat – oder aber, dass kurzfristig ein Artikel ausgefallen ist und nun ein neuer in der entsprechenden Länge benötigt wird.

Ob Sie vor dem Versand des Exposés mit dem jeweiligen Redakteur telefonieren, ist übrigens Geschmackssache. Die einen haben gute Erfahrungen damit gemacht, andere eher negative. Ich persönlich ziehe eine direkte E-Mail vor, weil ich den Arbeitsfluss des Redakteurs nicht unterbrechen möchte. Aber auch hier gilt: Unbefangenheit (Naivität!) siegt!

Schritt 6: Fassen Sie nach

In aller Regel erhalten Sie auf Ihr Angebot eine Reaktion. Sollte sich nach ca. vier Wochen noch niemand gemeldet haben, kann sich im Einzelfall eine kurze Nachfrage lohnen. Diese vier Wochen sollten Sie allerdings abwarten, um einer Redaktion genug Zeit zu geben, einen Vorschlag auf einer Redaktionskonferenz zu besprechen.

„Publish oder perish –
publizieren oder untergehen"

Amerikanisches Sprichwort

Modul 3:
Inszenierung –
So entsteht Spannung

Vor kurzem erhielt ich den Anruf eines Messeveranstalters, der Referenten für ein Forum mit dem Titel „Zukunftsanforderungen an Beratungsdienstleister" suchte. Seine erste Frage an mich: „Was ist aus Ihrer Sicht die Hauptanforderung an Berater der Zukunft." Meine spontane Antwort lautete: „Spannend sein!"

Denn in der täglichen Praxis misst sich meines Erachtens genau an diesem Faktor, wer in Zukunft als Berater wahrgenommen wird. Qualität, Service, Alltagstransfer, Ethik etc. sind genauso wichtig wie noch vor einigen Jahren, werden bei der Masse der Anbieter jedoch eher zur Selbstverständlichkeit. Was Berater wirklich voneinander unterscheidet, ist die Art ihrer Selbstdarstellung. Die zeigt übrigens nicht nur Showtalent. Vielmehr ist professionelle Selbstdarstellung das Resultat einer guten Selbsteinschätzung und der Fähigkeit, Wissen und Beratung zu verkaufen. Und dies sind letztlich jene Anforderungen, die einen guten Berater glaubwürdig machen.

Wenn ich von Inszenierung spreche, meine ich das spannende Darstellen von dem, was *ist*, also nicht das Vortäuschen falscher Tatsachen. Und hierin unterscheidet sich dann auch eine gekonnte Inszenierung von reiner Show: Sie hat Gehalt.

Doch wie entsteht Spannung?
Stellen Sie sich einmal vor, Sie halten ein starkes Gummiband in Ihren Händen, ein Ende in jeder Hand. Je näher Ihre Hände zusammen sind, desto loser ist das Seil. Je weiter die Enden des Seils auseinander liegen, desto gespannter ist es. Das ist Spannung! Je weiter zwei Pole voneinander entfernt sind, desto mehr Spannung. Wofür stehen die beiden Enden des Seils?

Hier einige Beispiele:

▨ *Beispiel A*
1. Seilende: Die Erwartung des Kunden an einen typischen Berater Ihres Themengebiets
2. Seilende: Sie (Ihr Angebot, Auftreten etc.)

Wie stellen Sie sich zwei Autoren vor, die das zunehmende Kopieren in der Wirtschaft kritisieren? Die in Konzernen wie Siemens das Top-Management schulen und in den exklusiven Business-Clubs Europas ein- und ausgehen?

Spontanes Bild: Berater eines großen Beratungsunternehmens, gut geschult in seriöser Selbstpräsentation, Studien zum Thema im Hintergrund.

Diesem Bild widersprechen die erfolgreichen Berater Jonas Ridderstrale und Kjell A. Nordström aus Stockholm, die ihre Erfahrung in dem aktuellen Bestseller „Karaoke-Kapitalismus" veröffentlicht haben.

Sie tragen bevorzugt Lederjacken, haben Glatzen, tragen Ohrringe usw. Ein Kunde von mir kennt beide und sagt: „Die häufigste Reaktion ist: Was wollen denn die beiden Rocker. Doch dann beraten Sie die europäische Vorstandsliga rauf und runter."

Hierin schildern sie unter anderem den Effekt, den ihr Auftreten und ihre Inhalte im Top-Management auslösen. Zunächst die Spannung, was die „beiden Rocker" denn zu bieten haben, und im Laufe der Zeit dann das sichere Gefühl, hier zwei enorm kompetente Wirtschaftsexperten vor sich zu haben.

Beispiel B
1. Seilende: Ihre Mitbewerber und deren Marktauftritt
2. Seilende: Sie und Ihr Marktauftritt

Sebastian Wüst ist Berater für die Auswahl von Spielgeräten und verkauft diese auch. Damit ist er einer von 2.000 Außendienstmitarbeitern – allein seines Unternehmens. Während sich viele andere in Kindergärten mit „Guten Tag, mein Name ist xyz. Ich möchte Ihnen gerne unsere Spielgeräte zeigen" vorstellen, macht es Sebastian Wüst anders. Er startet mit: „Hallo, mein Name ist Sebastian Wüst. Ich bin gelernter Erzieher, komme von der Firma xyz und würde gerne einfach mit den Kindern eine halbe

Stunde spielen". Ahnen Sie, wer hereingelassen wird und wer nicht?
Der Spannungsbogen ist ein anderer. Die Kunden erwarten bei einem Spielevertreter jemanden, der sich vorstellt und dann verkaufen möchte. Eine Belastung im harten Erzieher-Alltag.

Jemand, der selbst Erzieher ist und mit den Kindern eine halbe Stunde spielt, ist hingegen sogar eine echte Entlastung und wird in der Regel gerne vorgelassen.

Beispiel C
Seilende 1: die üblichen Lösungen
Seilende 2: Ihre Lösung

Mal angenommen, Sie sind Geschäftsführer eines mittelständischen Unternehmens und oft mit der Bahn unterwegs. Sie hätten gerne einen Coach als Sparringspartner, um aktuelle Entscheidungen und Entwicklungen zu reflektieren. Doch: Das Alltagsgeschäft lässt das nicht zu. Zu wenig Zeit, zu viel zu tun. Typische Coaches können Ihnen hier nicht helfen.

Doch der Bahncoach kann: Er reserviert im Vorfeld Ihrer Geschäftsreise ein Besprechungsabteil der Bahn, begleitet Sie während der Bahnfahrt und ist dabei Ihr Sparringspartner. Die Abrechnung inkl. Zugtickets und Abteil erfolgt pauschal mit einem Tages- bzw. Halbtagessatz. Sie haben keine Mehrarbeit und können trotzdem den Luxus eines Coaches nutzen.

Warum ist der Bahncoach spannender? Seine Lösung unterscheidet sich von den Lösungen anderer Anbieter. Auf das Gummiseil übertragen, wird dieses gespannt. Die Wahrnehmung von Kunden ist ihm dabei ebenso sicher wie eine entsprechende Medienresonanz.

▨ Beispiel D

Seilende 1: übliche Preismodelle
Seilende 2: Ihr Preismodell

Drehen wir die Uhr 2 bis 3 Jahre zurück. Sie hatten eine kurze rechtliche Frage, die max. 10 Minuten in Anspruch nahm. Um diese beantwortet zu bekommen, mussten Sie einen Anwalt suchen, ihn kontaktieren, einen Ersttermin vereinbaren, dort hinfahren und mit ihm sprechen. Das Ganze zu einer Erstberatungsgebühr von etwa 150 Euro. Das war das gängige Preismodell.

Doch dann kamen die Anwalthotlines, bei denen Sie unter einer kostenpflichtigen Nummer sofort den richtigen Ansprechpartner erhalten und kurze Fragen umgehend und günstig beantwortet werden. Ein anderes Preismodell. Für uns als Kunden ist es bequem, schnell und damit effektiv.

Warum nicht einmal Beratung mit neuem Preismodell anbieten: in Paketen, als monatliches Abo oder per Minutenpreis am Telefon. Einige erfolgreiche Beispiele hierfür gibt es bereits, der Großteil der Berater setzt aber nach wie vor auf Stunden- und Tageshonorare.

Um nun die Spannungspotenziale Ihrer Person und Dienstleistung herauszufinden, haben sich die folgenden **5 Fragen** sehr bewährt. Beantworten Sie diese bitte der Reihe nach. Sie können auch Externe als Feedbackgeber hinzuziehen.

▨ 1. Was erwarten Kunden üblicherweise inhaltlich von
a. Beratern mit Ihrer Ausbildung?
b. Beratern mit Ihrem inhaltlichen Schwerpunkt?
c. Beratern mit Ihrer Methodik?

▨ 2. Was erwarten Kunden Ihrer Dienstleistung üblicherweise
a. als Preismodell?
b. vom Auftreten des Beraters?
c. vom Marktauftritt (Internetseite etc.) des Beraters?
d. als Kundenservice?
e. als Lösung ihrer „Leidensdruckthemen"?

▨ 3. Was können Sie anders machen?

▨ 4. Welchen konkreten Nutzen hat der Kunde? Bringt es ihm wirklich deutlich mehr Nutzen?

▨ 5. Wie lässt sich das kommunizieren? Welcher Slogan wäre treffend?

Bleiben wir noch einen Moment bei der Gummiseil-Metapher: Was passiert, wenn die beiden Enden des Seils zu weit auseinander gezogen werden? Es reißt. Übertragen auf Inszenierung, bedeutet dies: Es wurde über-inszeniert. Zwei Kriterien können helfen, eine drohende Überinszenierung zu erkennen:

1. Die Relation von Inszenierung zum tatsächlichen Kundennutzen stimmt nicht mehr

Viel Show, wenig Substanz war das Fazit etlicher Seminarbesucher während der großen „Motivationstrainer-Welle" Ende der 90er-Jahre. Horden von Menschen, in Hallen zusammengedrängt, die sich klatschend, gegenseitig massierend und „Jaauuu, ich kann es" schreiend zusammendrängen, waren das Extrembeispiel einer Überinszenierung. Bilder von Trainern, die sich als Gurus selbst inszenierten und deren Bühnenshow oftmals ausgereifter war als ihre Inhalte haben wir alle noch vor Augen.

Überprüfte man Monate später den Erfolg für die Teilnehmer, so war nur selten eine Wirkung zurückgeblieben.

Nun wird seitens der Berater nicht selten argumentiert, diese Form der Inszenierung habe doch funktioniert und die betreffenden Trainer gutes Geld verdient. Das ist absolut richtig! Doch wie lange hielt der geschäftliche Erfolg? Was ist aus den „Gurus" geworden? Langfristig erfolgreiches Marketing lässt sich auf Dauer nicht auf Überinszenierung aufbauen.

2. Der Unterschied zur Kultur der Zielgruppe ist zu groß

Angenommen, Sie sind persönlich ein Typ für legere, sportliche Kleidung, arbeiten aber in einem eher faktenorientierten Business-Kontext. Wie kleiden Sie sich? Oder Sie lieben klassische, konservative Kleidung, beraten aber gerne junge, innovative Unternehmen. Was machen Sie in dieser Situation?

Hinter diesem Szenario steckt die Frage, wie viel Unterschied zur Kultur des Kunden erlaubt ist. Entsprechen Sie exakt der Kultur – hinsichtlich Sprache, Umgangsformen, Kleidung, Werten etc. –, entsteht kaum Spannung, da die Unterschiede kaum wahrnehmbar sind. Sind Sie allerdings zu unterschiedlich, werden Sie als Außenseiter betrachtet und in der Regel nicht gebucht. Ausnahmen bestätigen natürlich auch hier die Regel, die Akzeptanz wurde dann aber zumeist hart erkämpft.

Als grobe Faustregel schlage ich eine Anpassung an die *Hygienefaktoren* der Kundenkultur vor, also an Kleidungsstandards, Umgangsformen, Sprache etc., sofern dies einigermaßen zu Ihnen passt. Passt es nicht zu Ihnen, stellt sich eher die Frage, ob das wirklich Ihre Zielgruppe ist.

Anders sein können Sie meines Erachtens eher bei inhaltlichen Fragen („Querdenken"), bei Ihrem Marktauftritt („innovativ") und Ihrem Zugang zu Problemen („erfrischend anders").

Modul 4:
Der erfolgreiche Elevator Pitch (Kurzvorstellung) –
In 30 Sekunden Top oder Flop

Sie sind gerade auf einer Fachmesse und stehen im Aufzug. Da fragt Sie ein Fremder: „Was machen Sie denn beruflich?" Sie haben drei Stockwerke Zeit, also 20 bis 30 Sekunden, den Fremden für Sie, Ihre Dienstleistungen und Produkte zu interessieren. Schaffen Sie es, neugierig zu machen? Hinterlassen Sie einen guten ersten Eindruck? Kommen Sie dazu, Ihre Karten auszutauschen?

Dieses Szenario treibt vielen den Schweiß auf die Stirn. Wie soll man so komplexe, erklärungsbedürftige Dienstleistungen wie Beratung schnell, spannend und gleichzeitig informativ rüberbringen?

Zunächst einmal ist es hilfreich zu klären, was ein Elevator Pitch leisten kann und was nicht. Die meisten haben den Anspruch, in 30 Sekunden rüberzubringen, was sie beruflich genau machen. Das misslingt in aller Regel, da die Zeit zu kurz ist, und eine Negativspirale entsteht: Der Betreffende hat den Eindruck, er könne sich einfach nicht gut darstellen, verkrampft – umso schlechter wird die nächste Präsentation.

Meiner Erfahrung nach reicht es, in einem Elevator Pitch Interesse zu wecken und gegebenenfalls eine kleine Folgeverabredung herzustellen. Für einen gelungenen Elevator Pitch sind 3 Faktoren wichtig:

- Ihre Positionierung
- Anwendung des Gummiseilprinzips
- Glaubwürdigkeit Ihrer Person

Der Elevator Pitch **basiert auf Ihrer Positionierung**, das heißt, je klarer die Positionierung, desto besser sind Ihre Chancen. Zwar lässt sich auch ein „Bauchladen" an Leistungen spannend darstellen, es bliebe aber bei einer Inszenierung ohne strategisches Fundament, was Interessenten nach kurzer Zeit auffallen würde.

Um einen Elevator Pitch spannend zu gestalten, können Sie auch das **Gummiseil-Prinzip** nutzen. Mehr dazu erfahren Sie im Modul „Inszenierung". Ich empfehle Ihnen, dieses Modul möglichst jetzt gleich zu lesen.

Doch auch Positionierung und eine spannende Idee nutzen Ihnen nichts, wenn Sie Ihren Elevator Pitch nicht authentisch und souverän vortragen können. Achten Sie also insbesondere darauf, inwieweit Ihr Elevator Pitch **Ihnen als Person und Persönlichkeit entspricht**. Nur dann können Sie wirklich überzeugen. Im Zweifelsfall gilt: Lieber einen etwas (!) weniger inszenierten Elevator Pitch glaubhaft und souverän vortragen, als eine perfekte Inszenierung verkrampft und unglaubwürdig.

Diese 3 Faktoren im Kopf, können Sie an das Erarbeiten Ihres Elevator Pitches gehen. Im Normalfall besteht dieser aus 4 Elementen:

- 1. Einleitung
- 2. Spannungsaufbau
- 3. Spannungsauflösung hin zu Person, Produkt oder Dienstleistung
- 4. Folgeimpuls

Also: Sie werden von einem Fremden gefragt, was genau Sie denn beruflich machen. Da dies eine ernst gemeinte Frage ist, sollte sie zunächst einfach beantwortet werden. Geeignet sind Sätze wie

- „Ich bin Spezialist für ..."
- „Meine Kernkompetenz ist ..."
- „Ich beschäftige mich mit ..."
- „Ich bin Coach. Mein Ziel ist es ..."
- „Ich bin Berater und setze mich mit ... auseinander."

Wichtig: Diese Einleitung dient primär dazu, dem Gesprächspartner zu signalisieren, dass Sie an einer „seriösen" Beantwortung seiner Frage interessiert sind. Sie sollte daher so kurz wie möglich sein. Denn jetzt können Sie beginnen, Spannung aufzubauen. Eine wunderbare Möglichkeit, den anderen neugierig zu machen, ist eine direkte oder indirekte Frage.

Hier einige Beispiele:

- *„Mich beschäftigt vor allem eine Frage: Was sind die drei größten Hebel, um eine schnelle Veränderung in Ihrem Unternehmen zu bewirken?"* (Eine Unternehmensberatung mit der nachgewiesenen (!) Stärke zur schnellen Umsetzung von Projekten. Referenzkunden wie Deutsche Bahn, T-Mobile etc.)

- *„Vielleicht haben Sie sich auch schon einmal gefragt, warum so viele CallCenter von den Anrufern als inkompetent erlebt werden."* (Der Trainer von CallCenter-Mitarbeitern. Seine Kernkompetenz: die Handlungs- und Entscheidungskompetenzen besser festlegen, damit der erste Ansprechpartner des Kunden direkt entscheiden kann.)

- *„Wie wird ein Buchhalter zum Soft-Skill-Trainer?"* (Buchhalter, der sich nun auf Soziale Kompetenz für Controllingabteilungen spezialisiert hat.)

Oder aber Sie nutzen die Kraft einer Metapher, wie in den beiden folgenden Beispielen:

- *"Kennen Sie Tellerjongleure im Zirkus, die permanent 10 bis 15 Teller auf Stäben in der Luft balancieren. Für den Jongleur gibt es kein Patentrezept, wann er welchen Stab wie drehen muss, damit alle Teller laufen. Das ist für mich Projektmanagement. Dauernd viele Teilbereiche am Laufen zu halten, ohne dass es ein Patentrezept gibt, was wann in welchem Bereich gemacht werden muss."* (Coach für Projektmanager)

- *"Stellen Sie sich einmal vor, jemand würde ein ganzes Stadion mit möglichen Geschäftspartnern und Kunden von Ihnen*

*füllen. Und das ist noch nicht alles: Er würde dann all jene Geschäftspartner anleuchten, die das größte geschäftliche Potenzial für Sie bergen. Was würden Sie davon halten?"
(Mitarbeiter bei openBC – Europas größte Business-Networking-Plattform)*

In jedem Fall erzeugen Sie bei Ihrem Gegenüber eines: Interesse! Das Gummiseil wird gespannt, Ihr Gesprächspartner will wissen, wie es weitergeht und was Sie mit dieser Frage beziehungsweise Metapher zu tun haben. Nun lösen Sie die Spannung und führen den Fokus auf sich und Ihre Dienstleistung. Dies sei am Beispiel des Coaches für Projektmanager und openBC verdeutlicht:

▓ *„Die meisten Geschäftsleute fänden das klasse! Nichts anderes machen wir bei openBC. Nur dass es nicht ein Stadion voll potenzieller Geschäftspartner ist, sondern 600.000 Menschen sind. Aus diesen können Sie jederzeit die interessanten Kontakte selektieren und direkt Kontakt aufnehmen. Schnell, einfach, effektiv."*

▓ *„Und weil es weder für die Jonglage noch für Projektmanagement ein Patentrezept gibt, unterstütze ich Ihren Projektmanager durch Coaching. Das hat für Sie den Vorteil..."*

Lassen Sie uns die bisherigen Schritte noch einmal zusammenfassen:
▓ Schritt 1: Sie haben die Frage nach Ihrem Beruf kurz beantwortet.

▓ Schritt 2: Sie haben sofort Spannung aufgebaut, zum Beispiel durch eine Frage oder Metapher.

▓ Schritt 3: Sie haben die Spannung aufgelöst und gleichzeitig auf Ihr Produkt hingeführt.

Nun fehlt nur noch eines: Wenn Sie das Gefühl haben, dass Ihr Gesprächpartner spannend für Sie sein könnte, sollten Sie mit einem Folgeimpuls enden. Zum Beispiel:

▓ *"Nächste Woche halte ich einen Vortrag zum Thema hier in Hamburg. Wenn Sie möchten, schicke ich Ihnen eine Einladung."
(Jetzt bekommen Sie bei Interesse die Karte, entweder für diesen Vortrag oder einen nächsten. In jedem Fall haben Sie die Karte.)*

▓ *"Und das Beste: Die normale Mitgliedschaft ist kostenlos für Sie. Wenn Sie mögen, gebe ich Ihnen meine Karte, auf der die Anmeldeadresse steht."*

▓ *"Falls Sie das interessiert: Ich habe einen kleinen Check-Up entwickelt, mit dem Sie Verbesserungspotenziale Ihres Projektmanagements ermitteln können. Der ist kostenlos und ich schicke Ihnen gerne ein Exemplar zu."*

An einen solchen Folgeimpuls können Sie gegebenenfalls eine Woche später anknüpfen und sich bei der Person melden. Ohne Folgeimpuls erhalten Sie selten die Karte und haben auch kaum Möglichkeiten, später anzuknüpfen.

Um die Wirkprinzipien der 4 Stufen Ihres Elevator Pitches zu verdeutlichen, finden Sie im Anschluss drei der oben skizzierten Beispiele als komplette Elevator Pitches.

Muster Elevator Pitch „Call-Center-Coach":

Ich beschäftige mich mit Entscheidungskompetenzen im Call-Center.	Einleitung
Vielleicht haben Sie sich auch schon einmal gefragt, warum so viele Call-Center von den Anrufern als inkompetent erlebt werden.	Spannungsaufbau
In der Praxis merke ich immer wieder, dass es primär an den Entscheidungsspielräumen der Call-Center-Mitarbeiter liegt. Die wenigsten dürfen wirkliche Entscheidungen treffen und dem Kunden schnell und unkompliziert helfen. Kein Wunder also, dass die meisten von permanenten Warteschlangen und dauerndem Weiterverbinden genervt sind. Ich ändere das durch das sinnvolle Gestalten der Entscheidungsspielräume, mit einem Nutzen für Kunden, Mitarbeiter und Unternehmer.	Spannungs- auflösung
Nächsten Monat erscheint meine aktuelle Studie dazu. Soll ich Ihnen einfach mal ein Exemplar zukommen lassen?	Folgeimpuls

Muster Elevator Pitch „Coach für Projektmanager":

Ich bin Coach für Projektmanager.	Einleitung
Kennen Sie Tellerjongleure im Zirkus, die permanent 10 bis 15 Teller auf Stäben in der Luft balancieren müssen? Für den Jongleur gibt es kein Patentrezept, wann er welchen Stab wie drehen muss, damit alle Teller laufen. Das ist für mich Projektmanagement. Dauernd viele Teilbereiche am Laufen zu halten, ohne dass es ein Patentrezept gibt, was wann in welchem Bereich gemacht werden muss.	Spannungsaufbau
Und weil es weder für die Jongleure noch für Projektmanagement ein Patentrezept gibt, unterstütze ich Ihren Projektmanager durch Coaching. Das hat für Sie den Vorteil …	Spannungs-auflösung
Falls Sie das interessiert: Ich habe einen kleinen Check-Up entwickelt, mit dem Sie Verbesserungspotenziale Ihres Projektmanagements ermitteln können. Der ist kostenlos, ich schicke Ihnen gerne ein Exemplar zu.	Folgeimpuls

Muster Elevator Pitch „OpenBC – Europas größte Business-Networking-Plattform":

Ich arbeite als Vertriebsmitarbeiter bei OpenBC.	Einleitung
Stellen Sie sich einmal vor, jemand würde ein ganzes Stadion mit möglichen Geschäftspartnern und Kunden von Ihnen füllen. Und das ist noch nicht alles: Er würde dann all jene Geschäftspartner anleuchten, die das größte geschäftliche Potenzial für Sie bergen. Was würden Sie davon halten?	Spannungsaufbau
Die meisten Geschäftsleute fänden das klasse! Nichts anderes machen wir bei openBC. Nur, dass es nicht ein Stadion voll potenzieller Geschäftspartner ist, sondern 600.000 Menschen sind. Aus diesen können Sie jederzeit die interessanten Kontakte selektieren und direkt Kontakt aufnehmen. Schnell, einfach, effektiv.	Spannungs-auflösung
Und das Beste: Die normale Mitgliedschaft ist kostenlos für Sie. Wenn Sie mögen, gebe ich Ihnen meine Karte, auf der die Anmeldeadresse steht.	Folgeimpuls

Modul 5:
Zielgruppenbestimmung –
Kenne deine Kunden wie dich selbst

Eines der großen Themen im klassischen Marketing ist der gesamte Bereich der Zielgruppensegmentierung. Die Frage dabei: Wie kann man mit einem relativ homogenen Produkt – wie Margarine – möglichst unterschiedliche Menschen erreichen. Die Antwort: durch eine genaue Ansprache verschiedener Zielgruppen mit unterschiedlichen Marken.

Bevor Sie weiter am Thema arbeiten, möchte ich Sie bitten, einmal Ihre aktuellen Zielgruppen so präzise wie möglich zu notieren. Die drei wichtigsten Zielgruppen genügen. Für dieses kleine Experiment ist es wichtig, dass sie die Informationen wirklich aufschreiben, also nicht nur in Gedanken durchgehen. Gönnen Sie sich ruhig einige Minuten Zeit.

Haben Sie Ihre Zielgruppen notiert? Falls nein, holen Sie das bitte jetzt nach. Falls ja, geht es weiter:

Im Gegensatz zu sonstigen Wirtschaftsunternehmen haben wir Berater üblicherweise entweder keine oder nur sehr schwammige Zielgruppendefinitionen.

Hier ein reales Beispiel als Highlight:

Meine Zielgruppen sind Führungskräfte, Unternehmer und Mittelständler."

Dies ist eine ganz typische Zielgruppenaussage, die letztlich eines sichern soll: möglichst viele Menschen anzusprechen. Mit solch allgemeinen Definitionen Ihrer potenziellen Kunden werden Sie wahrscheinlich aber eher das Gegenteil erreichen, nämlich nur sehr wenige Menschen ansprechen. Warum das so ist, wird an einem einfachen Rechenbeispiel deutlich:

Beispiel: Was ist besser?
█ a) Von 2 Millionen potenziellen Kunden 0,01 Prozent anzusprechen und zu interessieren
█ oder b) von 80.000 potenziellen Kunden 10 Prozent anzusprechen und zu interessieren?

Die Antwort liegt auf der Hand: Im ersten Fall haben Sie am Ende vielleicht 2.000 interessierte Kunden gefunden – vorausgesetzt, Sie haben die 2 Millionen tatsächlich erreicht –, im zweiten 8.000.

Das heißt, es ist wesentlich effektiver, weniger potenzielle Kunden gezielt anzusprechen, als viele Interessenten durch allgemeine Aussagen abzuschrecken. Denn der kleinste gemeinsame Nenner bei „Führungskräften, Unternehmern und Mittelständlern" wird vermutlich so verschwommen sein, dass diese Personen sich nicht mehr direkt angesprochen fühlen. Ganz abgesehen davon, dass es deutlich einfacher ist, bei 80.000 Personen bekannt zu werden, als bei einer unüberschaubaren Masse von 2.000.000 Menschen.

Doch schauen wir weiter. Denn selbst die oben genannte Zielgruppenbeschreibung lässt sich noch steigern.

Sehr beliebt ist die Variante:

„Also eigentlich alle, die eine berufliche oder persönliche Situation verändern möchten."

Wie soll es hier möglich sein, Menschen konkret anzusprechen? Alle möglichen Dienstleistungen für alle scheint das Motto zu sein. Und herzlich grüßt das deutsche Neutralitätsgebot!

Aber auch das Aufgreifen kurzfristiger Trends und ein künstliches Hinzufügen zu den eigenen Zielgruppen kann absurde Formen annehmen. So galt es eine Zeit lang als Trend, Coaching speziell für Frauen anzubieten. „Frauen-Coaching" wurde dann blitzschnell von vielen in deren Leistungs- und Zielgruppenspektrum integriert. Ein Ergebnis, sicherlich ein extremes, sehen Sie hier:

„Führungskräfte und Mitarbeiter in mittelständischen Unternehmen, Selbstständige und Frauen."

Abgesehen von dem aufgesetzten Frauen-Coaching-Aspekt" ist auch diese Beschreibung nicht optimal. Denn obwohl sie etwas präziser ist als die vorgenannten Beispiele, kann man sich hier noch immer keine konkrete Person vorstellen. Aber genau das ist das Ziel einer Zielgruppendefinition. Sie sollen sich eine konkrete Person vorstellen können.

> **Merke**
>
> Eine gute Zielgruppendefinition hilft Ihnen, sich konkrete Personen für Ihr Angebot vorzustellen.

Nehmen wir noch einmal Ihre Notizen zu Ihren Zielgruppen. Ob Ihre Zielgruppenbeschreibung präzise genug ist, können Sie herausfinden, indem Sie nach diesem Absatz die Augen schließen.

Nun stellen Sie sich einen Ihrer potenziellen Kunden ausschließlich anhand Ihrer schriftlichen Zielgruppenaufzeichnungen vor. Steht auf Ihrem Blatt „Führungskräfte zwischen 35 und 55", dürfen Sie sich nur das vorstellen. Entsteht ein Bild vor Ihrem inneren Auge? In der Regel nicht.

Um sich eine konkrete Person vorzustellen, müssen Sie gedanklich Angaben hinzufügen:

- Wie alt ist die Person genau?
- Ist sie männlich oder weiblich?
- Welche Position hat sie inne?
- Wie geht sie?
- Wie spricht sie?
- Was sind ihre Leidensdruckthemen?

Wer entscheidet darüber, ob Beratung für diese Person, die Abteilung oder das Unternehmen gebucht wird?

Wie kleidet sich diese Person?

Was sind ihre Kenntnisse zu ihrem Beratungsfeld?

Welche Einstellung hat sie zu Honoraren?

Was erwartet sie von einer Beratung?

Die Reihe der Fragen ließe sich beliebig fortsetzen.

Bitte versuchen Sie es einmal selbst anhand Ihrer eigenen Zielgruppendefinition.

Und, was war das Ergebnis? Die meisten beginnen automatisch, Informationen hinzuzufügen, aus Ihrer bisherigen Erfahrung, Merkmale Ihres „Wunschkunden" etc.

Als Anspruch an eine Zielgruppenbeschreibung möchte ich Ihnen deshalb vorschlagen:

Anspruch an eine gute Zielgruppendefinition

Die Zielgruppenbeschreibung sollte so präzise sein, dass beim Lesen ein konkretes Bild des potenziellen Kunden entsteht.

Natürlich kann die Beschreibung nicht so speziell sein, dass die Zielgruppe auf wenige Personen schrumpft. Aber eine möglichst genaue Vorstellung von Ihrem Wunschkunden kann sehr dabei helfen, diesen auch wirklich anzusprechen. Selbst wenn dieser letztlich nur ein „typischer Kunde" sein wird, immer

mit leichten Abweichungen hinsichtlich Alter, Position, Geschlecht etc.

Diese Vorstellung von Ihren Ziel-Kunden hat einen weiteren Vorteil: Im Rahmen Ihrer Werbung und PR wird es immer wieder Phasen geben, in denen die Arbeitsmotivation sinkt und Sie Tätigkeiten „einfach erledigen" müssen. Denken Sie nur an das wochenlange Buchschreiben, das Verfassen von Artikeln, zähe Verhandlungen mit Kundenunternehmen und Zeiten mit niedriger Auftragslage. Konkrete Kunden vor Augen zu haben kann hier enorm helfen, denn Sie wissen, für *wen* Sie „das Ganze" machen.

Um nun zu einer geeigneten Zielgruppendefinition zu kommen, sind zwei Zugänge sinnvoll:

der emotionale Zugang zur Zielgruppe

der sachliche Zugang zur Zielgruppe

Der emotionale Zugang zur Zielgruppe

Ein emotionaler Zugang ist deshalb wichtig, weil wir Einzelkämpfer in der Regel eine hohe Identifikation mit unserer Arbeit *und* unseren Kunden haben. Daher sollten dies natürlich Menschen sein, mit denen wir uns gerne umgeben und für die wir gerne Beratung und Service erbringen. Drei Schritte können helfen, ideale Kunden herauszufinden:

Schritt 1: Das Treffen der Lieblingskunden

Stellen Sie sich einmal vor, Ihre Positionierung ist ein voller Erfolg. All Ihre beruflichen Ziele werden erfüllt, das letzte Jahr war wirklich optimal. Sie sitzen in Ihrem Büro und überlegen sich, dass Sie gerne einmal Ihre sieben liebsten Kunden zu einem „Lieblingskunden-Treffen" einladen würden.

Schließen Sie Ihre Augen und malen Sie sich dieses Treffen aus:

- Wo wird es stattfinden?
- Was ist das Rahmenprogramm?
- Gibt es Musik?
- Was gibt es zu essen und zu trinken?
- Was wird an diesem Tag gemacht?
- Ein Workshop, lockere Gespräche, eine kulturelle Veranstaltung?
- Wer wird kommen?
- Welches Geschlecht, Alter und Lebensmotto hat jeder Ihrer sieben Lieblingskunden?
- Welche Position hat er/sie?
- Was sind die Wertvorstellungen?
- Die Leidensdruckthemen?
- Die privaten Aktivitäten?
- Wie kleidet sich Ihr Lieblingskunde?
- Wie geht er/sie?
- Welche Stimme hat er/sie? Usw. usw.

Gehen Sie bitte von den für Sie wichtigen Einzelheiten aus und notieren Sie dann in Stichworten etwas zum Rahmen des Treffens und zu jedem einzelnen Lieblingskunden.

Haben Sie die Liste, machen Sie eine Pause, bevor Sie mit Schritt 2 fortfahren.

Schritt 2: Das Treffen der Ausgestoßenen

Ein weiteres gedankliches Experiment: Ihre Positionierung war sogar so erfolgreich, dass Sie im vergangenen Jahr jene Interessenten ablehnen konnten, mit denen Sie auf keinen Fall arbeiten wollten. Und genau jene planen nun eine „Verschwörung", das „Treffen der Ausgestoßenen":

- Wo wird es stattfinden?
- Was ist das Rahmenprogramm?
- Gibt es Musik?
- Was gibt es zu essen und zu trinken?
- Was wird an diesem Tag gemacht?
- Wer wird kommen?
- Welches Geschlecht, Alter und Lebensmotto hat jeder Ihrer sieben Ausgestoßenen?
- Welche Position hat er/sie?
- Was sind die Wertvorstellungen?
- Die Leidensdruckthemen?
- Die privaten Aktivitäten?
- Wie kleiden sich die Ausgestoßenen
- Wie geht er/sie?
- Welche Stimme hat er/sie? Usw. usw.

Gehen Sie bitte von den für Sie wichtigen Einzelheiten aus und notieren Sie dann in Stichworten etwas zum Rahmen des Treffens und zu jedem einzelnen Ausgestoßenen.

Schritt 3: Die Gemeinsamkeiten

Nun können Sie überlegen, welche Gemeinsamkeiten Ihre Lieblingskunden haben.

- Was verbindet sie?
- Warum sind sie Ihnen sympathisch?
- Was sind gemeinsame Themen?

Notieren Sie alle Gemeinsamkeiten.

Das Gleiche können Sie für Ihre sieben Ausgestoßenen machen: Was sind deren Gemeinsamkeiten?

Nun verfügen Sie über zwei wesentliche Informationen:

◻ Welche Eigenschaften haben die Personen, mit denen Sie gerne arbeiten möchten,
◻ und welche Eigenschaften haben die, mit denen Sie auf keinen Fall arbeiten möchten.

Stellen wir uns diese Parameter auf einer Skala vor – links die Ausgestoßenen, rechts die Lieblinkskunden –, werden Ihre späteren realen Kunden wohl genau zwischen diesen beiden Polen liegen.

Haben Sie diese *emotionale Skala*, geht es an die inhaltliche/strategische Ausarbeitung Ihrer Zielgruppen.

Der sachliche Zugang zur Zielgruppe
Die folgende Checkliste mit 20 Fragen hat sich dabei als Grundlage recht gut bewährt:

Checkliste: Sachlicher Zugang zur Zielgruppe

1. Was ist das Geschlecht des Kunden?

2. Sein Alter?

3. Sein beruflicher Status (angestellt, Einzelunternehmer, Unternehmer, Freiberufler, Hausmann/frau, Auszubildender, ohne Job etc.)?

4. Wo arbeitet er (Branche, Unternehmensgröße etc.)?

5. Arbeitet er im Profit-Bereich (zum Beispiel Daimler-Chrysler) oder im Non-Profit-Bereich (zum Beispiel öffentliche Verwaltung)?

6. Auf welcher Führungsebene arbeitet er?

7. In welcher Abteilung?

8. Mit welcher Funktion?

9. Was sind seine Leitwerte?

10. Welche Bildung hat er?

11. Wie kleidet er sich? Wie geht er? Wie spricht er?

12. Was sind seine Umgangsformen?

13. Was sind seine Gewohnheiten?

14. Wie viel Erfahrung hat er mit Beratung?

15. Was sind seine größten Leidensdruckthemen?

16. Wie können Sie ihm dabei helfen?

17. Warum werden Sie von ihm als Experte wahrgenommen?

18. Wie ist seine Einstellung zu Berater-Honoraren?

19. Welche Einwände könnte er gegen Ihre Beratung haben?

20. Wer bucht sie? Die Person selbst oder jemand anderes?

Haben Sie neben den emotionalen Aspekten nun die wesentlichen inhaltlichen Punkte Ihrer Zielgruppe erarbeitet, dürften Sie eine präzise Vorstellung von ihren möglichen Kunden gewonnen haben.

Das sind allerdings vorerst nur Hypothesen. Als Nächstes stellt sich die Frage, ob Ihre Einschätzung der Zielgruppe tatsächlich richtig war. Das lässt sich letztlich nur durch Feedback möglicher und bestehender Kunden und Branchenexperten sowie mittels einer gute Recherche von Fachliteratur und Studien zum Thema herausfinden.

Prinzipiell empfehle ich für jede neue Zielgruppe einen kleinen Testlauf zu starten und mit Personen dieser Zielgruppe zu sprechen.

Fragen Sie diese „Versuchskaninchen" bitte ausschließlich nach Ihrer Einschätzung und versuchen sie nicht, denen auch Ihre Dienstleistung zu verkaufen. Die Wahrscheinlichkeit eines objektiven Feedbacks wird dadurch maßgeblich erhöht.

„Wer nicht an seine Zielgruppe denkt, denkt gar nicht."

Ted Levit, amerikanischer Managementprofessor

Modul 6:
Honorargestaltung –
Alles hat seinen Preis

Die meisten Fragen am Ende von Workshops und Vorträgen zum Thema Beratermarketing sind Fragen rund um das Thema Honorare. Offenbar besteht – gerade in diesem Bereich – eine hohe Unsicherheit.

Dabei gibt es zur Honorargestaltung keine Formel, die einen „angemessenen Preis" unserer Dienstleistungen bestimmen lässt. Es sind vielmehr eine ganze Reihe von Faktoren, die eine gute Honorargestaltung ausmachen. In diesem Modul möchte ich den Versuch unternehmen, Ihnen aus der Erfahrung meiner Kunden einige relevante Einflussgrößen und Wirkprinzipien für Ihre Honorardefinition zu liefern. Letztlich ist es dann eine Frage der konkreten Dienstleistung und des konkreten Marktes, Ihren „Wert als Berater" zu bestimmen.

> *„Sie bekommen nicht, was Sie verdienen, sondern was Sie verhandeln."*
> Hermann Scherer,
> deutscher Spitzenredner

> *„Der Preis bestimmt den Kauf. Deshalb ist er mit Sorgfalt festzulegen."*
> Andreas Rother,
> Dozent für Marketing

Beginnen wir mit den Bereichen, die Sie für eine Honorargestaltung bedenken sollten:

1. Die Marktsituation

Was ist der Markt bereit, für Ihre Dienstleistung zu zahlen? Was sind übliche Honorare im niedrig,- mittel- und hochpreisigen Segment? Wie besonders oder einzigartig ist Ihre Dienstleistung? Wie ist die Nachfrage? Wie das Angebot? All das sind Fragen, die Ihnen helfen können, das Honorarpotenzial Ihrer Tätigkeit zu ermitteln. Hier wird immer eingewendet, im Zweifel könne man sich doch einen eigenen Markt mit eigenen Regeln und einer eigenen Konjunktur schaffen. Dies mag sicherlich in Einzelfällen zutreffen. Doch bedenken Sie bitte, dass ein Großteil von Beratungsleistungen in Deutschland eher Standardleistungen sind, die andere ebenso gut erbringen können wie Sie. Durch Positionierung, Inszenierung und Profilierung können Sie sicherlich besser wahrgenommen werden, der Preis ergibt sich jedoch in der Regel aus den bekannten Marktvariablen Angebot und Nachfrage.

2. Positionierung, Inszenierung, Profilierung

Dennoch haben diese 3 Säulen Einfluss auf Angebot und Nachfrage. Je außergewöhnlicher Sie sind, je spannender und bekannter, desto größer wird die Nachfrage nach Ihren Dienstleistungen. Damit geht natürlich eine Steigerung der Honorarsätze einher. Dies beginnt jedoch erst nach einer konsequenten Etablierungsphase mit regelmäßiger und strategisch fundierter Medienarbeit zu wirken; bei den meisten Beratern nach 3 bis 5 Jahren ihrer Tätigkeit mit einer speziellen Positionierungsstrategie.

3. Die Wert-Botschaft Ihres Honorars

Mit Ihrem Honorar legen Sie gegenüber potenziellen Kunden natürlich auch den Wert Ihrer Dienstleistung fest. Möchten Sie sich eher im Premium-Segment platzieren, werden Ihre Preise entsprechende Botschaften enthalten müssen. Oder würden Sie nicht misstrauisch werden, wenn Ihnen eine Designer-Jeans zum Preis von 35 Euro angeboten würde? Die Wertbotschaft ist bei 35 Euro eben eine andere als bei 180 Euro.

Dabei geht es nicht um den realen Wert der Dienstleistung, der ohnehin kaum zu bestimmen ist, sondern darum, was Ihre Leistung Ihren Kunden wert ist. Je nutzbringender, spannender und bekannter Sie sind, als umso wertvoller wird Ihr Kunde Ihre Leistung empfinden.

4. Ihre Auftragslage

Je besser Ihre Auftragslage und je voller Ihr Kalender, desto höher können Sie Ihre Preise gestalten. Der bekannte Vortragsredner Hermann Scherer drückt das so aus: „Wenn Sie ausgebucht sind, sind Sie zu billig."

Preise immer dann – aber wirklich erst dann – zu erhöhen, wenn der Kalender zu voll wird, hat sich als Strategie in vielen Fällen bewährt.

5. Ihr eigenes Wertempfinden

Verkaufen Sie sich zu einem Preis, der nicht ihrem eigenen Wertempfinden entspricht, ist das eine große Falle für Ihre Geschäftsbeziehungen. Denn entweder haben Sie das Gefühl, Ihr Kunde hätte Sie übervorteilt oder aber zumindest, es werde Ihnen für Ihre Leistung zu wenig bezahlt.
Beides stört das emotionale Klima und damit die Beratungsbeziehung erheblich und rächt sich meist früher oder später.

6. Gewünschtes Marktsegment

Nahezu jede Beratungsleistung lässt sich als Low-Budget-, Mittelpreis- oder Premiumprodukt vermarkten. Der generelle Trend geht eindeutig zu Low-Budget-Dienstleistungen auf der einen und Premiumprodukten auf der anderen Seite.

Vor kurzem wurde der Geschäftsführer von Brioni, einer der edelsten Bekleidungsmarken der Welt, interviewt. Auf die Frage, was er selbst trage, antwortete er, dass er in Kombination mit edler Brioni-Kleidung Basics (T-Shirts etc.) von H&M und ähnlichen Marken trage.

Unabhängig davon, ob wir ihm das glauben, zeigt es den Trend zu Luxus in Kombination mit Sparen sehr deutlich. Auch Beratung kann diesem Trend folgen und entweder die Philosophie „viele Kunden für ein geringeres Honorar" oder „weniger Kunden für ein Premium-Honorar" vertreten.

Ziehen Sie alle diese Faktoren ins Kalkül, gilt es, daraus einen angemessenen, vor sich und ihren Kunden vertretbaren Honorarsatz zu ermitteln. Leider gibt es keine Formel, mit der sich diese Einzelelemente errechnen ließen.

Setzen Sie daher entsprechende Prioritäten aus oben genannter Aufzählung und errechnen Sie so den aus Ihrer Sicht sinnvollen Startpreis. Ein erster Testlauf wird zeigen, ob Sie zu hoch oder zu niedrig lagen und eine entsprechende Anpassung ermöglichen.

Ein (gekürzt dargestelltes) Praxisbeispiel soll den Prozess der Honorarfestlegung verdeutlichen:

Beispiel Honorarfestlegung
Unternehmen: Ein kleines Beratungsunternehmen, spezialisiert auf Kundenmanagement, etabliert am Markt möchte seine Preise für ein neues Marktsegment festlegen.

Die Dienstleistung: Prozessberatung bei der Etablierung von wirksamen Servicekanälen bei gleichzeitiger knallharter Prozesskostenbetrachtung.

Es analysiert zunächst die Marktsituation und stellt fest: Niedrigpreisanbieter realisieren durchschnittlich zwischen 800 und 900 Euro Tageshonorar, Mittelpreisanbieter ca. 1100 Euro und das Premiumsegment beginnt in diesem Markt bei ca. 1200 Euro und endet (von wenigen Ausnahmen abgesehen) bei 1900 Euro. Die Projekte laufen durchschnittlich über 100-300 Manntage.

Positionierung, Inszenierung und Profilierung des Unternehmens laufen seit knapp 6 Jahren, regelmäßige Publikationen haben eine beträchtliche Bekanntheit im bisherigen Marktsegment geschaffen.

Das Beratungsprodukt soll als solides, nützliches Produkt vermarktet, die Wertbotschaft dementsprechend gestaltet werden.
Die eigene Auftragslage unseres kleinen Unternehmens ist gut, ein jährliches Umsatzwachstum zwischen 10 und 18 Prozent bei gleichzeitigem Ertragswachstum stellt die Inhaber sehr zufrieden.

Aus all diesen Informationen wird nun die Honorarentscheidung getroffen:

Eine Einordnung im Niedrigpreissegment kommt nicht in Frage, da das Unternehmen eine etablierte Größe am Markt ist und die Wertbotschaft „solide" lauten soll. Billig und solide sind im Kopf vieler Kunden jedoch Widersprüche. Auch das Premiumsegment widerspricht dem pragmatischen Beratungsansatz ebenso wie die Zielgruppe der Mittelständler. Man entscheidet sich, das neue Beratungsprodukt zu einem Einstiegssatz von 1300 Euro, also am unteren Ende des Premiumsegments anzubieten. Die Botschaft hinter diesem Preis: „Wir sind ein etablierter und erfolgreicher Anbieter und haben dennoch Bodenhaftung. Wir möchten, dass die Relation zwischen Honorar und Leistung stimmig ist." Musik in den Ohren eines Mittelständlers!
Ob die Strategie aufgeht, wird der Markt zeigen.

Aber auch nach dem Festsetzen Ihres Einstiegssatzes gibt es zum Thema Honorare immer wieder Klippen, die es zu umschiffen gilt.

Hier die häufigsten Fragen mit meiner jeweiligen Antwort:

1. Wann sollte ich über eine Honorarerhöhung nachdenken? Wie hoch sollte diese sein?

Ich denke, Hermann Scherer hat Recht mit seinem Satz: „Wenn Sie ausgebucht sind, sind Sie zu billig." Folgt man diesem Prinzip, macht eine Honorarerhöhung immer dann Sinn, wenn Sie tatsächlich einen Großteil Ihrer Zeit mit bezahlten Tagen bei Kunden verbringen.

Haben Sie also einmal einen Einstiegssatz gewählt, empfehle ich diesen zu erhöhen, sobald Ihr Kalender deutlich voller wird. Eine Erhöhung in einer Größenordnung von 10 bis 20 Prozent ist dabei häufig realistisch.

In der Praxis kommen auch immer wieder „Preiserhöhungen als Signal" vor. Hier versucht der Anbieter, durch Preiserhöhung ein anderes Marktsegment, zum Beispiel das Premiumsegment, zu bedienen. Widerspricht das nicht Ihrer bisherigen Positionierung und wird dies von bestehenden Kunden als logischer Fortschritt beurteilt, kann auch eine solche Honorarmodifikation sinnvoll sein.

2. Was mache ich mit bestehenden Kunden im Falle einer Honorarerhöhung?

Hier würde ich zwischen zwei Kundengruppen unterscheiden: ehemalige Kunden, die Sie zurzeit nicht gebucht haben und Kunden, mit denen Sie aktuell arbeiten. Ehemalige Kunden sollten bei einer erneuten Buchung generell Ihren neuen Satz zahlen, also den Satz zum Zeitpunkt der Buchung. Laufende Beratungsaufträge können Sie nur zu den alten Konditionen weiterführen. In vielen Fällen kann es jedoch nützlich sein, bei Gesprächen über evtl. Neuaufträge Ihren aktuellen Satz zu nennen. Schluckt der Kunde, können Sie ihm immer noch anbieten, zu den alten Sätzen für weitere sechs oder zwölf Monate zu arbeiten. Natürlich ist diese Antwort nicht in jedem Fall gültig. Manchmal, zum Beispiel bei jahrelanger Zusammenarbeit mit einem Konzern, kann eine Preiserhöhung auch zu Irritationen in der Geschäftsbeziehung führen. Hier gilt es, das Thema vorsichtig anzureißen, um eventuelle Reaktionen frühzeitig zu erkennen.

3. Soll ich meine Preise auf der Internetseite nennen?

Prinzipiell nein. Preise auf der Internetseite sind nicht branchenüblich. Das hat zwei gute Gründe. Erstens erwecken Sie schnell den Eindruck eines Kaufhauses, obwohl Sie doch mit einer viel aufwändigeren „Ware", nämlich Ihrer Beratungskompetenz, am Markt vertreten sind. Und zweitens nehmen Sie sich jegliche Flexibilität, besonders interessanten Kunden einen anderen Preis zu nennen.

Eine Ausnahme von dieser Regel gibt es jedoch: Bekommen Sie zahlreiche Anfragen von Menschen, die Ihre Honorare nicht zahlen können oder wollen, kann aber eine Preisnennung durchaus notwendig sein. So reduziert sich die Zahl der Anfragen, aber wer auch dann noch anfragt, ist in der Lage bzw. willens, Ihre Preise zu zahlen.

▦ 4. Machen Festpreise Sinn oder ist es besser, Honorare von Kunde zu Kunde unterschiedlich zu gestalten?

Meine klare Empfehlung: Arbeiten Sie mit festen Honorarsätzen. Verkaufen Sie also ganz klassisch Beratungstage an selbstständige Unternehmer, haben alle Personen Ihrer Zielgruppe die Möglichkeit, Sie zu Ihrem festen Honorarsatz zu buchen.

Das hat verschiedene Vorteile: Kennen Sie von vornherein Ihren Festpreis, gehen Sie gestärkt und auf Augenhöhe in eine Verhandlung. Berater berichten immer wieder, dass nicht mehr um Honorare gefeilscht wird, seit sie mit dieser Grundeinstellung ihre Gespräche führen.

Es gibt keinen objektiven Grund, warum die gleiche Leistung für einen Kunden mehr, für den anderen weniger kosten sollte. Sie signalisieren mit unterschiedlichen Preisen eine Beliebigkeit, die zwangsläufig zu Irritationen führt. Ihre Interessenten könnten schnell denken „Der eine bezahlt 1500 Euro, der andere 1800 Euro pro Tag. Was ist denn nun sein Wert?". Diese Irritation ist ein absoluter Auftragskiller. Hinzu kommt, dass Ihre Kunden es Ihnen danken werden, wenn alle einen gleich fairen Preis zahlen.

Beispiel „Fairnessgarantie":
Das mehrfach preisgekrönte Hotel „Schindlerhof" nennt das seine „Fairnessgarantie".

Hier ein Auszug daraus:

Liebe Gäste & Freunde unseres Hauses!

Wir garantieren Ihnen, dass niemand unsere Gastfreundschaft zu einem anderen Preis erhält als Sie!

Mit gastfreundlichen Grüßen

Klaus Kobjoll

Übrigens

es gibt kaum etwas auf dieser Welt, das nicht irgendjemand ein wenig schlechter machen und etwas billiger verkaufen könnte, und die Menschen, die sich nur am Preis orientieren, werden die gerechte Beute solcher Machenschaften.

Es ist unklug, zu viel zu bezahlen, aber es ist noch schlechter, zu wenig zu bezahlen. Wenn Sie zu viel bezahlen, verlieren Sie etwas Geld, das ist alles. Wenn Sie dagegen zu wenig bezahlen, verlieren Sie manchmal alles, da der gekaufte Gegenstand die ihm zugedachte Aufgabe nicht erfüllen kann.

Das Gesetz der Wirtschaft verbietet es, für wenig Geld viel Wert zu erhalten. Nehmen Sie das niedrigste Angebot an, müssen Sie für das Risiko, das Sie eingehen, etwas hinzurechnen. Und wenn Sie das tun, dann haben Sie auch genug Geld, um für etwas Besseres zu bezahlen.

JOHN RUSKIN
engl. Sozialreformer (1819-1900)

„Auch der Preis ist eine Botschaft."

Sie sehen, eigentlich ist es unfair, verschiedenen Kunden verschiedene Honorarsätze zu berechnen. Und genau damit können Sie – im Zweifelsfall – argumentieren. Eine weitere Argumentationshilfe stammt vom Vertriebscoach Willi Girschik (www.wgmcc.de): „Wenn ich Sie richtig verstehe, wünschen Sie sich 20 Prozent Rabatt. Dazu benötige ich Ihre Hilfe: Welche 20 Prozent meiner Leistung soll ich weglassen, um Ihnen diesen Nachlass zu ermöglichen?" Eine ungeheuer effektive Strategie!

Allerdings gibt es auch hier einige Ausnahmen:
Unterschiedliche Zielgruppen machen manchmal unterschiedliche Sätze erforderlich. Beraten Sie zum Beispiel Privatpersonen, also Selbstzahler, und Führungskräfte in Unternehmen, werden Sie in Unternehmen generell ein höheres Honorar berechnen, da die finanziellen Möglichkeiten hier häufig besser sind. Sind Sie in dieser Lage, empfehle ich jedoch, nicht nur das Honorar, sondern auch die Dienstleistungen zu variieren. Berechnen Sie bei Privatpersonen zum Beispiel die Stunde mit einem niedrigeren Stundensatz, Vor- und Nachbereitung sind jedoch nicht inklusive. Bei Unternehmen hingegen enthält der Stundensatz hingegen eine Vor- und Nachbereitung, ein Protokoll oder etwas Ähnliches. Damit – und durch die Unterschiedlichkeit der Beratungsthemen – können Sie dann eine Preisdifferenz rechtfertigen.

Aber nicht immer sind in Unternehmen höhere Honorare erzielbar. Vielmehr kann es auch sein, dass ein Betrieb mit internen Höchstsätzen für Berater arbeitet, in der Regel zwischen 1.000 und 1.400 Euro pro Beratungstag. Hier haben Sie die Wahl: Entweder Sie passen Ihre Preise diesen Möglichkeiten an oder man sucht eben einen anderen Berater. Doch die niedrigeren Preise sind häufig auch zu rechtfertigen, da Sie höchstwahrscheinlich für längere Zeiträume, mehrere Mitarbeiter oder verschiedene Aufgaben gebucht werden. Sprich: Das Auftragsvolumen ist höher – und Menge rechtfertigt Rabatt.

Sollte keine der genannten Ausnahmen gelten, möchten Sie einen Kunden aber dennoch unbedingt über den Preis gewinnen, hat sich das Aushandeln einer Gegenleistung bewährt. Beispielsweise können Sie die Arbeit mit Ihrem Kunden als Fallbeispiel mit Namensnennung in Ihren Fachpublikationen wie Büchern und Artikeln nennen. Davon profitieren Sie ebenso wie Ihr Kunde und so kann ein geringerer Preis gerechtfertigt sein.

5. Macht es Sinn, statt einem Teil des Honorars eine Beteiligung, zum Beispiel am Umsatz des Kunden, zu vereinbaren?

Häufig bieten weniger liquide Kunden uns Beratern an, uns an künftigen Mehrumsätzen oder Ähnliches zu beteiligen. Auch wenn es zunächst sinnvoll erscheint, dass wir für den Erfolg unserer Beratung Verantwortung übernehmen, hat dies einen entscheidenden Nachteil: In fast allen Fällen ist die Dankbarkeit unserer Kunden nach einer Beratung recht groß und der sich einstellende Erfolg wird unserer Beratung zugeschrieben.

Doch das ändert sich schnell. Mit zunehmendem Alltag schreiben Kunden den Erfolg immer mehr sich selbst zu, der Berater rückt emotional in den Hintergrund. Nun soll der Kunde aber weiterhin einen bestimmten Prozentsatz seiner Umätze an Sie abführen. Da er die Erfolge aber eher sich selbst zuschreibt, fühlt er sich zunehmend von Ihnen übervorteilt. „Für was bekommt der denn jetzt eine Beteiligung?" Das bringt schlechte Stimmung, die sich negativ auf weitere Zusammenarbeit und mögliche Empfehlungen auswirkt.

Daher lohnt sich ein solcher Deal meines Erachtens nicht. Besser ist es, Kunden eine sehr kulante Zahlungsregelung vorzuschlagen, also zum Beispiel ein langes Zahlungsziel oder Ratenzahlung ohne Zinsen. So kommen Sie ihm entgegen, erhalten aber Ihr volles Honorar in einem absehbaren Zeitraum.

6. Lohnt es sich, eine Geld-zurück-Garantie anzubieten?

Auch hiervon möchte ich Ihnen eher abraten. Eine Geld-zurück-Garantie hat einen entscheidenden psychologischen Nachteil: Sie signalisiert die Möglichkeit, der Kunde könnte mit Ihrer Beratung nicht zufrieden sein.

Natürlich besteht diese Möglichkeit immer, und kein seriöser Berater wird das abstreiten. Aber muss die Möglichkeit schon im Honorarmodell impliziert sein?

Hinzu kommt, dass unser Erfolg häufig nicht messbar ist. Wir müssen aber doch die Freiheit besitzen, unseren Kunden auch einmal unangenehme Dinge zu sagen, ohne die Befürchtung im Hinterkopf, der Kunde könne jederzeit sein Geld zurückverlangen. Eine Geld-zurück-Garantie wäre also eine Einschränkung der beraterischen Freiheit und damit eines wesentlichen Qualitätsmerkmals. Ganz zu schweigen davon, dass sich einige Interessenten fragen könnten, ob wir solche „Lockangebote" denn nötig haben.

Das unterscheidet übrigens die Garantie von einer Honorarerstattung auf Kulanzbasis, für den Fall, dass Ihre Kunden wirklich einmal unzufrieden sein sollten. Dies ist durchaus ein Zeichen von Kundenorientierung und kann hin und wieder wichtig sein.

Modul 7:
Besser verkaufen mit Paketangeboten –
Gut geschnürt, verkauft´s sich besser

Je nach Thema, Branche und Zielgruppe kann es sich lohnen, – statt rein nach Zeit abzurechnen – Beratungspakete zu schnüren. Wie sollten diese gestaltet sein?

Beispiel Weinhandlung:
Stellen Sie sich vor, Sie gehen in eine Weinhandlung und suchen einen australischen Cabernet Sauvignon. Der Händler hat zwei Weine zur Auswahl, einen für 6 Euro und einen für 15 Euro. Für welchen Wein wird sich die Mehrzahl der Kunden entscheiden?

Und nun nehmen Sie mal an, der Weinhändler hätte drei entsprechende Weine: einen für 6 Euro, einen für 15 Euro und einen für 28 Euro. Welchen Wein wird die Mehrzahl der Kunden jetzt kaufen?

Untersucht man das in einer Studie, stellt man fest: Im ersten Fall wird die Flasche zu 6 Euro am häufigsten gekauft, im zweiten die Flasche zu 15 Euro. Warum?

Im ersten Fall sagt sich der Kunde vermutlich: „Na ja, die doppelt so teuere Flasche muss es nicht sein", und im zweiten Fall: „Na ja, der teuerste Wein muss es nicht sein, aber den billigsten möchte ich auch nicht." Das Resultat: Deutlich mehr Weine zu 15 Euro werden verkauft.

Was können wir als Berater davon lernen? Schnüren wir ein Einstiegsangebot, ein Mittelpreispaket und ein (eher utopisches) Premiumpaket. Jedes der Pakete hat seinen Sinn:

Das Einstiegsangebot:

Es dient als Angebot an den Kunden, Sie zu einem günstigen Preis kennen zu lernen. Bieten Sie zum Beispiel Teamcoaching an, könnte das Einstiegsangebot eine „Team-Performance-Analyse" sein. Die enthielte 3 Stunden Evaluationsgespräch mit dem Team inkl. einiger Tests, eine Auswertung sowie eine Liste mit Empfehlungen.

Das Ganze zu einem günstigen – aber nicht billigen – Preis. Solch ein Einstiegsangebot können Sie unter anderem am Schluss eines Fachartikels vorstellen und so die Zahl der Rückmeldungen deutlich erhöhen. Es lässt sich aber auch gut nach Vorträgen und Workshops als Einstieg in eine Zusammenarbeit vermitteln, zum Beispiel:

„Ich werde immer mal wieder gefragt, wie man denn konkret mit mir zusammenarbeiten kann. Die beste Möglichkeit ist eine Team-Performance-Analyse.

Für einen relativ geringen Betrag von ... Euro erhalten Sie ....

Auf diese Weise können Sie am besten sehen, was Ihnen die Zusammenarbeit bringt. Wenn Sie mir Ihre Karte da lassen, schicke ich Ihnen dazu gerne einige Infos."

Mittelpreispaket:

Analog zur Weinflasche sind hier generell die meisten Buchungen zu erwarten, es handelt sich also um Ihr Hauptprodukt. Daher sollten Sie in diesem Paket jene Beratungsleistungen anbieten, die Sie am liebsten verkaufen möchten.

Wichtig: Das Paket liegt im Mittelfeld *Ihrer* Honorare, es muss damit nicht zwangsläufig auch im Marktdurchschnitt liegen. Sie können also mit Ihrem „Mittelpreisprodukt" auch ein Niedrigpreis- oder Premiumsegment bedienen, das heißt, es kann deutlich teurer oder günstiger als der Marktdurchschnitt sein.

Wichtig

Sie können mit Ihrem „Mittelpreispaket" auch ein Niedrigpreis- oder Premiumsegment bedienen.

Das heißt, es kann deutlich teurer oder günstiger als der Marktdurchschnitt sein.

Ein solches Paket kann auch helfen, mehr Stunden zu verkaufen. Coaches beklagen häufig, die Kunden kauften ihre Dienstleistungen nur von Stunde zu Stunde. Geht es Ihnen auch so? Dann probieren Sie es doch mal mit folgender Argumentation:

„Natürlich können Sie mich auch für Einzelstunden zum Honorar von 250 Euro pro Stunde buchen. Voraussichtlich werden wir 15 Stunden brauchen. Daher würde ich Ihnen mein Beratungspaket xyz empfehlen. Es enthält neben 15 Stunden Einzelcoaching auch noch fünf Feedbacktelefonate und kostet alles zusammen 3000 Euro. Sie haben also deutlich gespart.

Um Ihnen aber die nötige Sicherheit zu bieten, gibt es eine Sollbruchstelle nach fünf Coaching-Stunden. Wenn Sie das Coaching dann beenden möchten, erhalten Sie das Coaching trotzdem zum günstigeren Preis und sind aus dem Vertrag."

Eine solche Regelung hat Vorteile für Ihren Kunden, aber auch für Sie, denn Sie haben eine größere Buchung und damit mehr Planungssicherheit. Erfahrungsgemäß gehen die meisten Kunden auf ein solches Paketangebot ein.

Premiumpaket:

Das Premiumpaket ist die Luxusvariante Ihres Angebots und entsprechend hochpreisig.

Es erfüllt einen doppelten Zweck:

▓ Einerseits ist es ein Angebot für „Luxuskunden", die es in nahezu jeder Beratungsrichtung gibt. Nach einer Kennenlernphase wünschen diese sich eine möglichst umfassende Betreuung und sind bereit, dafür viel zu investieren.

■ Andererseits ist es, analog zum Wein für 28 Euro, die Möglichkeit, das Mittelpreispaket zu rahmen und damit attraktiver zu machen.

Wie können solche Pakete konkret aussehen? Hier ein Beispiel:

Coach für xyz
Üblicher Stundensatz: 220 Euro

Einstiegsangebot*:*
Coaching-Telefonat zu aktuellen beruflichen Anliegen (bis zu 2 h)
Übung zur Nachbereitung
Erneutes Coaching-Telefonat zur Nachsteuerung (bis zu 2 h)

€ 480 Euro pauschal
zzgl. MwSt.

Coaching-Paket „Führungskräfte":
KickOff-Coaching von bis zu 3 h: Auftragsklärung und Zieldefinition
6 Live-Coachingsessions bis zu 1,5 h
Telefonische Hotline in der Zeit der Coachings. Beliebig oft (max. 30 Min.)

€ 2180 Euro pauschal
zzgl. MwSt. und Spesen

Paket „Führungs-Kraft":
KickOff-Coaching von bis zu 3 h:
Auftragsklärung und Zieldefinition
12 Live-Coachingsessions bis zu 2 h (einmal pro Monat)

Telefonische Hotline in der Zeit der Coachings, beliebig oft (max. 1 h)
Regelmäßiger Report an die Führungskraft in enger Abstimmung mit dem Coachee

€ 4900 Euro pauschal
zzgl. MwSt. und Spesen

Modul 8:
Ihr Profil –
Bunter Hund statt grauer Maus

Es ist schon mühsam. Einen Text über sich selbst zu schreiben gehört zu den schwierigsten und unbeliebtesten Aufgaben, mit denen wir als Berater konfrontiert sind. Über andere zu schreiben? Kein Problem. Andere ins rechte Licht rücken? Ganz einfach. Bei uns selbst hört diese Leichtigkeit jedoch meist auf. Trotzdem: Es lohnt sich, Zeit in die Gestaltung Ihres Beraterprofils zu investieren.

Das hat mehrere Gründe:

1. Die Bedeutung des Profils

Betrachtet man die Zugriffsstatistiken von Beraterseiten im Internet, fällt vor allem eines auf: Am intensivsten und häufigsten werden Profile gelesen, und zwar oft noch vor der Beschreibung des Dienstleistungsangebots. Geht man davon aus, dass der Durchschnittsbesucher eine Seite nur ca. 120 Sekunden betrachtet, entscheidet sich somit letztlich am Profil, ob er Kontakt zu Ihnen aufnimmt. Ihr Profil ist ein Akquiseinstrument. Noch dazu ein kostenloses und besonders effektives, denn den Aufwand des Schreibens haben Sie nur einmal.

2. Eine Vorauswahl

Interessenten prüfen anhand Ihres Profils, ob die Chemie zwischen Ihnen beiden stimmen könnte. Das hat für potenzielle Kunden ebenso viele Vorteile wie für Sie. Denn die Anfragen kommen zunehmend von jenem Personenkreis, mit dem Sie auch gerne arbeiten möchten. Kunden, die Sie eher unsympathisch finden, wird umgekehrt in der Regel auch Ihr Profil nicht gefallen. Vorausgesetzt natürlich, Sie zeigen wirklich Persönlichkeit.

3. Sie können Ihren Mehrwert deutlich machen.

Insbesondere bei gleichen Beratungsleistungen, macht es einen Unterschied, welche Persönlichkeit, Erfahrung, Ausbildung etc. der Berater mitbringt. Das ist Ihre Chance: Sind Sie jung und damit besonders innovativ? Oder ein „alter Hase" mit viel Erfahrung? Arbeiten Sie eher provokant und direkt oder einfühlsam und forschend? All das ist Ihr Mehrwert – und im Profil können Sie ihn zeigen.

4. Hemmschwellen besiegen

Beraten zu werden hat im deutschsprachigen Raum noch immer den Unterton von Schwäche. Daher gibt es seitens des Interessenten in der Regel eine größere Hemmschwelle mit Beratern in Kontakt zu treten als bei anderen Dienstleistungsformen. Wie können Sie ihrem Kunden zeigen, dass Sie sein Vertrauen wert sind? Indem Sie Ihre Persönlichkeit zeigen und damit nicht nur transparenter, sondern auch verletzlicher werden. Dies ist ein Vertrauensvorschuss, der häufig mit Vertrauen Ihrer Kunden belohnt wird.

Außerdem hat Ihr Kunde bereits beim Erstkontakt das Gefühl, Sie schon ein wenig zu kennen, was ebenfalls die Kommunikation erleichtert.

Ein Lebenslauf lässt sich in verschiedenen Varianten darstellen. Drei haben sich allerdings besonders bewährt:

- der Faktenlebenslauf
- die persönliche Vorstellung
- das Interview

Das Faktenprofil

Das Faktenprofil lebt davon, dass Sie die Fakten Ihres Lebens möglichst präzise präsentieren. Besteht die Wahl zwischen dieser Variante und persönlicher Vorstellung, so entscheiden sich erfahrungsgemäß ca. 60 Prozent der Webseiten-Besucher für die Faktenversion. Ich empfehle Ihnen, folgende Informationen in Ihr Faktenprofil zu integrieren:

Ausbildung und Abschluss

Relevant sind hier vor allem abgeschlossene Lehre und Studium. Idealerweise geben Sie hier neben den betreffenden Jahren auch die Art der Ausbildung, Ort und gegebenenfalls Schwerpunkte mit an. Die Schwerpunkte sollten unbedingt den Bezug zu Ihrer heutigen Berater-Praxis verdeutlichen.

Beraterausbildungen gehören natürlich auch unter diesen Punkt. Bitte geben Sie nur wirkliche Ausbildungen, also keine kleineren Seminarprogramme von wenigen

Tagen an. Nennen Sie auch hier die Dauer der Ausbildung, das Ausbildungsinstitut und gegebenenfalls Zertifikate wie das der Systemischen Gesellschaft. Handelt es sich um so nebulös klingende Ausbildungen wie eine „Ausbildung zum Management-Trainer" ist es sinnvoll, zusätzlich die Ausbildungsschwerpunkte, also zum Beispiel „strategisches Szenarienmanagement, Führungskultur-Analyse und TeamPerformance-Analysen", mit anzugeben.

Auch hier werden Sie natürlich jene Schwerpunkte besonders betonen, die in hohem Maße für Ihre heutige Tätigkeit relevant sind.

Berufserfahrung

Bitte stellen Sie Ihre Berufserfahrung möglichst exakt dar. Neben den Jahreszahlen gehören auch Unternehmen, Verantwortungsbereich und Schwerpunkte zu diesem Punkt. Bieten Sie beispielsweise Coaching für Projektmanager, werden Sie Ihre Erfahrungen im Projektmanagement herausstellen. Und eine selbstständige Tätigkeit sollte mit den entsprechenden Arbeitsschwerpunkten benannt sein.

Gegebenenfalls Branchenerfahrung

Kommt es bei Ihrer Tätigkeit besonders auf eine bestimmte Branchenerfahrung an, können Sie diese noch einmal gesondert darstellen. Auch wenn dies implizit aus Ihren sonstigen Angaben hervorgeht. Zur Branchenerfahrung zählt auch, wenn Sie in Ihrer Tätigkeit viel mit Unternehmen anderer Branchen gearbeitet haben. Waren Sie zum

Beispiel Einkäufer eines Automobilkonzerns, so haben Sie breite Branchenkenntnis in Bereichen der Automobil-Zulieferindustrie.

Gegebenenfalls der Nutzen für Ihren Kunden

Manchmal ergeben sich aus Ihrem Lebenslauf Fakten, die einen besonderen Nutzen für Ihren Kunden darstellen. Sind Sie beispielsweise auf eine bestimmte Branche spezialisiert und haben selbst 20 Jahre Erfahrung in dieser Branche, sprechen Sie in der Regel fließend die „Branchensprache". Sie kennen den Markt, relevante Wettbewerber und typische Kulturelemente der beteiligten Unternehmen. Das ist ein Zusatznutzen, der unbedingt explizit kommuniziert werden sollte.

Warum arbeiten Sie als Berater?

Eine für Kunden relevante Frage, um Ihre Persönlichkeit besser erfassen zu können. Warum üben Sie diesen Beruf mit diesem Schwerpunkt aus? Was interessiert Sie besonders? Was fasziniert Sie an Ihren Kunden? Warum wollen Sie Ihre Tätigkeit selbständig ausüben? Relevante Fragen, die Ihnen wiederum die Chance geben, mehr von sich zu zeigen.

Wie arbeiten Sie?

Sind Sie besonders direkt und provokant? Arbeiten Sie mit außergewöhnlichen Methoden, die zur Steigerung des Beratungserfolgs beitragen? Von welchen Leitwerten wird Ihre Arbeitsweise bestimmt? All das sind Fragen, die zusätzliche Klarheit für Ihre Kunden schaffen und für Sie eine Differenzierung zu Mitbewerbern darstellen.

Gegebenenfalls Medienresonanz

Journalisten informieren sich, bevor Sie über einen Berater berichten. Wurde in den Medien mehrfach positiv über Sie berichtet, ist das eine eigenständige Referenz und damit einen Eintrag in Ihrem Profil wert. Geben Sie mindestens die Medien, wenn nicht sogar einzelne, kurze (!) Zitate an. Hat die *Süddeutsche Zeitung* über Sie geschrieben: „Einer der großen, seriösen Berater Deutschlands", sollte es auch drinstehen. Oder fänden Sie als Kunde solch ein Zitat nicht überzeugend?

Gegebenenfalls Publikationen

Kein anderer Kanal trägt zur Expertenwahrnehmung so viel bei wie eigene Publikationen in Fachmedien und Bücher. Berater, die schreiben, erhöhen Ihre Anziehungskraft; denn es wird automatisch gefolgert, sie hätten etwas zu sagen. Das trifft zwar nicht immer, aber doch meistens zu – und so sind Ihre eigenen Publikationen ein ideales Aushängeschild. Allerdings nur dann, wenn sie auch etwas mit Ihrer aktuellen Tätigkeit zu tun haben.

Haben Sie all diese Informationen integriert, könnte Ihr Profil zum Beispiel so aussehen:

Muster für Faktenlebenslauf

Markus Müller, Diplomkaufmann

Coaching mit Kernkompetenz
„Fusionsbegleitung in Betrieben mit 15 bis 500 MA"

Ausbildungen:
1985-1989 Studium der BWL und VWL in Göttingen
1989-1991 Trainee-Ausbildung PE bei einem Automobilkonzern
1990-1993 Weiterbildung Systemische Beratung (SG)

Berufserfahrung:
1991-1996 Personalentwickler in einem Automobilkonzern. Begleitung bei der Fusion mit amerikanischem Unternehmen im Team.

1997-2002 Geschäftsführer Personal bei dem mittelständischen Maschinen-bauer „Ingersoll". Begleitung des Übernahmevorgangs eines Mitbewerbers.

Seit 2002 Selbstständig als Coach

Branchenerfahrung:

▨ Automobilbranche

▨ Maschinenbau, insbesondere Werkzeugmaschinenbau

Ihr Nutzen

▨ Ich habe Fusionsprojekte begleitet und spreche daher aus der Praxis.

▨ Erfahrungen mit inhabergeführten Mittelständlern.

▨ Ich spreche die gleiche Sprache wie das Personal im herstellenden Gewerbe.

Warum ich als Coach arbeite und wie ich arbeite:

Im Rahmen meiner Erfahrungen bei der Begleitung von Fusionen entwickelte sich mein Interesse für diese spannenden Prozesse. In meiner Funktion kaufte ich selbst Bera-ter ein und musste feststellen, dass diese häufig nicht die Sprache des Unternehmens sprachen. Aufgrund meiner Erfahrungen im mittelständischen herstellenden Gewerbe und meines Aufwachsens in einem Familienbetrieb ist mir diese Sprache geläufig. Dies möchte ich zum Nutzen anderer Mittelständler in der Beratung nutzen.

Meine Arbeitsweise ist daher direkt und nicht immer bequem. Der „Arbeitston" ist dem herstellenden Gewerbe angepasst, was seine Wirkung garantiert.

Die persönliche Vorstellung

Viele Berater sind Quereinsteiger. Somit gibt es auch nur selten Lebensläufe, die wirklich geradlinig auf den Beruf des Beraters hinauslaufen. Und dennoch: Für viele ist dieser Beruf die logische Konsequenz ihres bisherigen Lebens und damit eine Herzensangelegenheit. Doch wissen das auch die Kunden? In aller Regel nicht, denn Faktenprofile lassen den roten Faden einer Karriere nicht immer erkennen. Da Authentizität in unserer Branche jedoch besonders wichtig ist, bedarf es eines Wegs, diesen roten Lebensfaden zu präsentieren: die persönliche Vorstellung.

Ich möchte Sie zu einem kleinen Experiment einladen. Hier sehen Sie das Faktenprofil von Manfred Mäntele, dem „Coach für Menschen in Umbruchphasen":

■ *Geboren 25.08.1955*
■ *1977 – 1980 Ausbildung zum Großhandelskaufmann*
■ *1981 – 1983 Diagnostika Fachberater für Boehringer Mannheim*
■ *1983 – 1986 Vertrieb Nixdorf Computer*
■ *1987 – 1988 Motorrad-Reise durch Europa und Afrika*
■ *1988 – 1990 Vertrieb für Wang Computer*
■ *1990 – 1992 Verkaufsleiter Europa für Parker USA, TRW Automotive*
■ *1992 – 2000 District Manager und Brand Manager „Buell" bei Harley-Davidson. Mitglied des europäischen Marketing-Teams und des Product Development-Teams*
■ *Seit 2000 Coach mit folgenden Ausbildungen:*

- Ausbildung zum Co Active Coach, CTI, USA
- Ausbildung zum Change Manager und Management Trainer bei C!CERO
- Zertifizierung als Hogan-Assessment-Coach
- Mitglied des weltweiten Verbandes International Coach Federation ICF in Deutschland

Was erfahren Sie vom Menschen Manfred Mäntele?
Natürlich erhalten Sie relevante Fakten und gewinnen einen ersten Eindruck. Um wie viel mehr erfahren Sie hingegen in folgender persönlicher Vorstellung. Bedenken Sie bitte: Er ist „Coach für Menschen in Umbruchphasen".

„Jede Veränderung ist ein Wagnis, ein kleineres oder ein größeres. Die größte Gefahr besteht aber darin, nichts zu tun und in Situationen zu bleiben, die einen nicht erfüllen. Wer in seinem Leben etwas beginnt, das zunächst wie ein Wagnis aussieht, kann damit viel Sicherheit gewinnen: die Sicherheit im Umgang mit anderen Menschen, die Sicherheit, auf dem richtigen Weg zu sein.

Seit dem Jahr 2000 arbeite ich als Coach für Menschen in Umbruchphasen. Menschen, die Coaching für einen rein leistungsbezogenen, klassischen und als hart angestrebten Karriereweg suchen, sind bei mir nicht richtig. Ich bin nicht der Coach für gerade, ebene Wege. In schwierigen Phasen braucht es einen Berater, der auch einen Umweg mitzugehen bereit ist.

Ich sehe meine Aufgabe darin, das Abenteuer kalkulierbar zu machen bzw. das Kalkulierbare mit Abenteuer zu verbinden. Das Ergebnis: Coaching mit Freude an der Veränderung, mit Vorfreude auf das Unbekannte.

Diese Vorfreude auf das Ungewisse, auf das Neue, braucht man meiner Meinung nach für ein erfülltes Leben, ohne sie ist alles nur grauer Alltag. Wie gut sich Verantwortung und Erfüllung miteinander verbinden lassen, habe ich in der interessantesten Station in meinem früheren Berufsleben erfahren: bei Harley-Davidson. Diese acht Jahre haben meinen Sinn für ein erfülltes, selbstbestimmtes Leben geprägt. Denn bei Harley-Davidson erledigt man keinen Job, man entscheidet sich jeden Tag neu für dieses Unternehmen, stellt sich neuen Herausforderungen.

Ich war bei Harley-Davidson als Brand Manager für die Marke Buell tätig. Die große Herausforderung war dabei, etwas völlig Neues zu schaffen. Meine Aufgabe war es, Buell als sportliche Marke gegenüber dem klassischen Image von Harley-Davidson zu positionieren. Diese beiden entgegengesetzten Welten miteinander zu verbinden war vor allem deshalb herausfordernd, weil ich alleine auf mich, auf meine Intuition, Kraft und Erfahrung angewiesen war. Meine Freude als begeisterter Motorradfahrer kombinierte ich dabei mit betriebswirtschaftlicher Rentabilität. Gerade für meine Kunden ist es häufig wichtig, scheinbar entgegengesetzte Dinge miteinander in Einklang zu bringen. Ich nenne das dann

„sowohl-als-auch statt entweder-oder". Die Verbindung zu Harley-Davidson besteht übrigens weiter. Heute arbeite ich als Coach für Harley-Davidson Europa.

Zum Coach wurde ich anschließend bei CTI, einem der weltweit führenden Institute in den USA, ausgebildet, in Deutschland bei C!CERO zum Change Manager und Management Trainer. Schwerpunkte meiner Ausbildung waren Motivationspsychologie, Struktur von strategischen Prozessen, Arbeit mit Veränderungstypen, Perspektiven- und Metaphernarbeit sowie die physiologischen Grundlagen von Motivation und Leistung. Zum Coach für die Entwicklung von Führungskräften wurde ich lizenziert von Hogan Assessments. Fortgeführt werden diese Ausbildungen durch meine aktive Mitgliedschaft im weltweiten Coaching Verband ICF, der International Coach Federation.

Das hohe Maß an Freiheit in meiner letzten Managerposition hat gleichzeitig viel Verantwortung mit sich gebracht. Und es hat zu einer wertvollen Erkenntnis geführt: Verantwortung hat jeder Mensch zunächst nur für eine Person: für sich selbst. Erst wenn man die Aufgabe(n) seines Lebens in Angriff genommen hat, kann man auch damit beginnen, verantwortlich mit anderen umzugehen. Viele, die diese Regel übersehen, führen ein Leben in Angst und Fremdbestimmtheit. Nicht gelebte Träume sind die härteste Realität, was mir meine Kunden immer wieder rückmelden.

Je größer die Summe verwirklichter Lebensträume ist, desto höher die Zufriedenheit, die Lebensqualität. Die meisten Fähigkeiten habe ich nicht erlernt, sondern erlebt. Ich freue mich darauf, Ihnen auf einem interessanten, sicher auch nicht ganz einfachen Weg Kraft zu geben, mit Ihnen Schritte zu gehen, bis sich ein Ziel herausstellt, bis es näher kommt ... erreicht wird."

Natürlich: Das Profil ist lang – und nicht jeder findet den Coach nun sympathisch. Aber genau darum geht es: So viel Persönlichkeit kennen zu lernen, dass eine Entscheidung für oder gegen einen Berater möglich wird.

Da persönliche Vorstellungen stets eine gewisse Länge haben, empfiehlt es sich übrigens, auch ein Faktenprofil als Ergänzung anzubieten. So kann jeder das Profil wählen, das ihm am ehesten entspricht. Erfahrungsgemäß wird die persönliche Vorstellung von 30 bis 40 Prozent der Webseiten-Besucher bevorzugt. Diese lesen dann auch ausführlicher, was die Verweildauer-Statistiken immer wieder zeigen. Das heißt, für alle, die Ihre persönliche Vorstellung lesen, ist genau diese Ausführlichkeit und Transparenz besonders wichtig. Wieder eine Brücke mehr zu Ihren Interessenten!

Die persönliche Vorstellung kann sich durchaus auf bestimmte Informationen und Schwerpunkte konzentrieren. Es geht in erster Linie darum, die Verwebung Ihrer Tätigkeit mit Ihren Sichtweisen und Lebensstationen zu erläutern. Insbesondere Ihre Motivation, als Berater zu arbeiten, sollte hier deutlich spürbar werden.

Das Interview

Manchmal kann es von Vorteil sein, neben dem Faktenprofil ein kleines Interview, das mit Ihnen geführt wurde, anzubieten. Auf dieser Weise können Sie zusätzliche Themen wie berufliche Erfolge, Misserfolge etc. ansprechen.

Für viele ist es auch einfacher, über sich selbst im Stil eines Interviews zu schreiben. Wenn Sie also Schwierigkeiten bei der persönlichen Vorstellung haben, versuchen Sie es einmal mit dem Interview. Das Ergebnis kann dann entweder für sich alleine stehen oder die Vorstufe zur persönlichen Vorstellung werden.

Hier exemplarisch einige typische Interviewfragen:

- Was sind die drei wichtigsten Stationen in Ihrem Leben? Warum?
- Was ist Ihnen in der Arbeit besonders wichtig? Was zeichnet Ihre Arbeit aus?
- Warum machen Sie xxx?
- Was ist Ihre größte Stärke in der Arbeit mit Kunden?
- Ihre größte Niederlage bisher?
- Der größte Erfolg, den Sie für und mit Kunden erreicht haben?
- Der größte Misserfolg in einem Beratungsprojekt?
- Was sind Ihre Leitwerte?
- Wo sehen Sie das größte Entwicklungspotenzial für Kunden in Ihrem Fachbereich?

Neben einem schriftlichen Interview können Sie auch überlegen, dies als kurzes Video oder Tonsequenz aufzunehmen und in Ihre Webseite zu integrieren. Das vermittelt Ihren Interessenten einen sehr konkreten Eindruck von Ihnen, Ihrer Persönlichkeit und Ihren Werten. Und senkt damit erneut die Hemmschwelle zur Kontaktaufnahme.

„Nur Profis mit Profil profilieren sich."
Giso Weyand

Ein 15-minütiges Interview (ca. 5 DIN-A4-Seiten) können Sie mit einem professionellen Sprecher bereits für eine Größenordnung ab 300 Euro aufnehmen lassen. Eine Investition, die sich in vielen Beratungsbereichen lohnen kann. Schließlich lernt Ihr Interessent Sie nun nicht nur über das geschriebene Wort kennen sondern hört Ihre Stimme, Ihre Sprechweise und Ihre Inhalte. Das schafft Vertrauen! Gerne helfe ich mit Kontakten zu Sprechern weiter. Eine E-Mail genügt.

Übrigens: „Bunte Hunde" können auch ruhige, angenehme Persönlichkeiten in soliden Branchen mit soliden Kunden sein.

Fühlen Sie sich also nicht als schillernde Persönlichkeit des Scheinwerfers, heißt das nicht, dass Sie nicht doch ein bunter Hund sein können. Denn bunt meint hier nichts anderes als: anders wirken als andere. Und das kann mit jeder Persönlichkeit gelingen!

Modul 9:
Vom Beruf zur Berufung –
Was will ich wirklich?

Gastbeitrag von Nadine Hamburger

Vielleicht stellen Sie sich die Frage, warum ein Thema wie dieses in einem Marketingbuch erscheint. In diesem Fall ist der Grund ganz pragmatisch:

Was uns in der Beratungspraxis immer wieder begegnet, ist folgende Situation: Ein Berater kommt zu uns. Er bietet ein bestimmtes Leistungsspektrum an, aber es ist für ihn schwierig, neue Kunden zu gewinnen. Daher möchte er an seinem Marktauftritt arbeiten. So erarbeiten wir in einigen Terminen die Alleinstellungsmerkmale für seine Leistungen, die Besonderheiten seiner Persönlichkeit und finden eine griffige Positionierungsstrategie am Markt. Und: Es funktioniert. Erste Tests beim potenziellen Kunden sind erfolgreich. Zirka 70-80 Prozent der Beratungsprozesse laufen so ab.

Die übrigen 20-30 Prozent haben einen anderen Auftrag: Bevor ich mich positioniere und Marketingkanäle nutze, interessiert mich eine Frage: Was will ich wirklich? Wo liegen meine Stärken, was macht meine Persönlichkeit aus? Welche Beratungsthemen interessieren mich am meisten? Wo bin ich authentisch? Diese Fragen lassen sich nicht per Marketing lösen, sie müssen zunächst sorgfältig beantwortet sein.

Aber wie finden Sie Ihren Weg hin zu einem Geschäftsfeld, das Sie *wirklich* nutzen und ausbauen möchten? Die innere Triebkraft für die eigene Unternehmung – und damit für deren Erfolg – ergibt sich im Wesentlichen aus der Beantwortung von sieben Fragen:

- Was sind Ihre Werte und Motivationen?
- Wo liegen Ihre Leidenschaften?
- Über welche besonderen Fähigkeiten und Qualitäten verfügen Sie?
- Welche Kenntnisse und Erfahrungen zeichnen Sie und Ihre Arbeit aus?
- In welchem Arbeitsumfeld erzielen Sie Höchstleistungen?
- Was sind Ihre Visionen?
- Was sind Ihre persönlichen und beruflichen Ziele?

Diese Fragen und ihre Bedeutung für das eigene Geschäftsfeld werden nachfolgend erläutert. Sie klingen erst einmal simpel. Die Praxis zeigt jedoch, dass die Beantwortung häufig schwer fällt. Das liegt daran, dass wir uns die meiste Zeit im mentalen Denkmodus (rechte Gehirnhälfte) befinden. Hier setzen wir uns häufig (unnötige) Grenzen. Um diese zu überwinden, ist es hilfreich, die sieben Fragen intuitiv, aus dem Bauch heraus, zu beantworten.

Hilfreich ist es, dafür einen Ort aufzusuchen, an dem Sie ungestört sind und fern vom Alltag. Vielleicht ist das ein Cafe, Ihr Lieblingssofa oder eine Bank am Waldsee. Entspannen Sie sich. Förderlich können entspannende Musik oder eine Atemübung sein. Atmen Sie 10mal tief durch, lassen Sie dabei Ihren Atem wie von alleine fließen. Nehmen Sie Ihre Gedanken wahr ohne sie zu bewerten, und lassen Sie sie wie eine Wolke davonziehen. Denn jetzt ist die Zeit und hier ist der Ort, auf Ihre innere Stimme – Ihre Gefühle und Intuition zu hören. Wenn negative (begrenzende) Gefühle aufkommen, nehmen Sie diese ebenfalls wahr und senden Sie sie dann wieder fort. Diese beruhen in der Regel auf Ängsten, Befürchtungen und negativen Gedanken und sind größtenteils unbegründet.

Spüren Sie nun, was Sie bewegt? Hören Sie Ihre innere Stimme? Vielleicht ist sie noch leise, aber sie werden Sie immer klarer wahrnehmen, je mehr Raum Sie ihr geben. Fahren Sie nun fort in diesem entspannten, intuitiven Modus und beantworten schrittweise die folgenden sieben Fragen.

Frage 1: Was sind Ihre Werte und Motivationen?

Den einen motivieren unternehmerische Herausforderungen und das Spiel mit Risiken. Der andere möchte seiner Vision folgen und andere Menschen in ihrer beruflichen oder privaten Entwicklung fördern. Ein dritter genießt besonders die Anerkennung und die schmeichelhafte Position als „Berater".

Was all dem zugrunde liegt, sind unterschiedliche Wertvorstellungen. Jeder von uns hat gewisse Werte, die seine Arbeit und Arbeitsweise beeinflussen. Einige dieser Werte (Kernwerte/essenzielle Werte) ziehen sich durch das gesamte Leben. Andere Werte (mittelbare Werte) verändern sich im Laufe der Jahre.

Gemeinsam bilden sie die Antriebskraft für Ihr Handeln. Je mehr Ihre Werte im Rahmen Ihrer beruflichen Herausforderungen erfüllt sind, desto mehr Energie steht Ihnen zur Verfügung. Wenn Sie Ihre Werte beruflich und privat nicht leben, macht das Beraterleben weniger Freude, Sie geraten häufiger in Motivationslöcher und benötigen zusätzliche Energie. Daher macht es Sinn, Ihre drei bis fünf wichtigsten beruflichen Werte zu kennen. Im Anschluss können Sie überprüfen, ob sich diese in Ihrem Angebot, Ihren Aufträgen, Ihrer Arbeitsweise, in Ihrer Beziehung zu Ihren Kunden und in Ihrer Kommunikation widerspiegeln. Hier einige Beispiele:

▪ Lieben Sie den Wettkampf?

Dann bieten Sie im Akquisegespräch doch einfach mal einen „Challenge" mit einem Mitbewerber an: Beide Berater erarbeiten Lösungen für ein konkretes Problem oder ein Teilprojekt und bekommen dafür jeweils nur die Hälfte des Honorars. Wer das bessere Ergebnis erzielt, erhält letztlich den Auftrag.

Oder schließen Sie eine Wette ab: Sie wetten, dass Sie in der Prozessoptimierung mit einem Aufwand von 10 Beratertagen ein Ein-

sparungspotenzial von x Prozent realisieren. Wenn Sie es nicht schaffen, verzichten Sie auf einen Teil des Honorars.

> *„Erfahrung heißt gar nichts. Man kann eine Sache auch 35 Jahre schlecht machen."*
>
> Kurt Tucholsky

Sind Ihnen Anerkennung und Ihr Status als Berater wichtig?

Machen Sie es zu Ihrem Ritual, sich regelmäßig ein detailliertes Feedback von Ihren Kunden einzuholen. Nutzen Sie Beratungsformen, in denen Sie viel Anerkennung erhalten, zum Beispiel Seminare und Workshops. Nutzen Sie Kommunikationswege wie Vortragsgeschäft, Fachartikel und Buch, über die Sie Ihren Ruf als Experte entwickeln.

Ist Großzügigkeit einer Ihrer Werte?

Wie wäre es mit einem großzügigen Angebot für Ihre Kunden, zum Beispiel einem kostenlosen Check-up, informativen Artikeln oder auch dem Knüpfen wertvoller Kontakte; behandeln Sie sich selber und Ihre Kooperationspartner großzügig; geben Sie den Texten auf Ihrer Website großzügig Raum.

Ist Ihnen menschliche Nähe in Ihrem Beruf besonders wichtig?

Dann empfiehlt es sich, einen vertrauensvollen Rahmen zu schaffen, in dem diese Nähe entstehen kann. Nicht nur beim persönlichen Treffen, sondern auch auf der Website, beispielsweise durch Ihren Schreibstil, eine besonders persönliche Vorstellung im Profil oder eine Videosequenz, in der Sie über sich berichten.

Wenn Berater ihre Werte indirekt oder direkt kommunizieren, machen Sie sich nicht nur interessanter, sondern ziehen auch genau die Kunden an, denen diese Werte ebenfalls zusagen. Das sind in der Regel die Kunden, mit denen die Arbeit am besten gelingt!

Frage 2: Wo liegen Ihre Leidenschaften?

Stellen Sie sich einen durchschnittlichen Finanzberater vor, der Ihnen seine Auswahl an Versicherungspolicen sachlich erläutert. Nun stellen Sie sich einen enthusiastischen Mann im mittleren Alter vor, der sich seit seiner Jugend mit dem neuen Markt, Aktiengeschäften und Investitionsmöglichkeiten beschäftigt und Sie mit funkelnden Augen in die Geheimnisse der Finanzmärkte einweist. Welchen Berater favorisieren sie?

Es liegt auf der Hand: Wenn Sie Ihre Arbeit mit Leidenschaft erledigen, bereitet sie Ihnen nicht nur mehr Freude, sondern Sie kommunizieren diese auch ganz anders. Die Leidenschaft ist eine wichtige Basis für Ihre Arbeitsqualität und Motivation; Sie verfolgen Ihre Arbeit mit Hingabe und zunehmender Leichtigkeit. Ihre Kunden sind schneller davon überzeugt, dass Sie versuchen werden, das Beste zu geben und einen hohen Nutzen zu bieten.

Kennen Sie Ihre Leidenschaften? Wenn nicht, dann gehen Sie doch einmal gedanklich zurück in Ihre Kindheit, danach in Ihre Jugend, Ihre Ausbildungszeit, Ihre verschiedenen beruflichen Stationen, Ihre Selbstständigkeit, Ihre Tätigkeit als Berater, vergegenwärtigen Sie sich Ihre privaten Aktivitäten in den verschiedenen Lebensphasen, Ihre Hobbys. Welche Tätigkeiten haben Sie geliebt? Was hat Ihnen immer besonders viel Spaß gemacht? Wobei haben Sie alles um sich herum vergessen?

Alternativ können Sie sich auch die Frage beantworten: Welcher Tätigkeit würden Sie ein Leben lang nachgehen wollen – selbst wenn Sie materiell längst versorgt wären und sich eigentlich zur Ruhe setzen könnten?

Berücksichtigen Sie diese Leidenschaften in Ihrer Arbeit. Oder anders formuliert: Fragen Sie bei neuen Ideen oder Projekten auch Ihr Herz, was es davon hält!

> *„Angst ist das Schwindelgefühl der Freiheit."*
>
> Søren Kierkegaard

Frage 3: Über welche besonderen Fähigkeiten und Qualitäten verfügen Sie?

Persönliche wie berufliche Werte und Leidenschaften schön und gut – und wichtig, denn diese geben Ihnen Hinweise darauf, was Sie besonders *gerne* machen. Aber das allein reicht für die erfolgreiche Beratertätigkeit leider noch nicht aus. Ihre Kunden erwarten, dass Sie Ihre Sache auch *ausgesprochen gut* machen. In den folgenden drei Fragestellungen geht es daher um Ihre Kompetenzen und um das Umfeld, in dem Sie diese voll ausschöpfen können.

Die eigenen Besonderheiten in Bezug auf Fähigkeiten und Arbeitsweise sind manchmal schwer wahrzunehmen. Zum einen liegt der eigene Fokus oft auf den Schwächen – diese sind meist äußerst präsent. Zum anderen haben wir uns unsere Stärken in der Regel nicht *bewusst* angeeignet. Diese Fähigkeiten und Qualitäten liegen uns einfach, lagen uns schon immer. Daher nehmen wir sie oft als selbstverständlich wahr. Es wird Ihnen helfen, wenn Sie Freunde, Kollegen oder auch Kunden fragen, welche Punkte sie als Ihre Stärken schätzen.

Die folgenden Beispiele verdeutlichen einige Fallen, in die Berater erfahrungsgemäß leicht geraten:

Ein ausgezeichneter Coach für Projektleiter kann ein miserabler Trainer auf seinem Fachgebiet sein, weil er nicht in der Lage ist, sein fundiertes Wissen in diesem komplexen Thema in strukturierter Form zu vermitteln.

Daher sollte er dieses Arbeitsfeld lieber kompetenteren Kollegen überlassen und sich ein entsprechendes Netzwerk aufbauen.

Oder ein Berater ist Experte in der Begleitung von Veränderungsprozessen in Automobilkonzernen. BMW fragt ihn, ob er nicht einen Impulsvortrag auf der Jahresfeier halten könne. Ein verlockendes Angebot, das aufgrund seines Expertenstatus auch verlockend dotiert würde. Nun scheut er sich aber, auf der Bühne zu stehen. Außerdem kann er zwar sehr gut Wissen vermitteln, aber dabei keinerlei Spannung erzeugen. Dieses Vortragsangebot anzunehmen könnte also nicht nur großes Gähnen im Publikum hervorrufen, sondern auch ein folgenreicher Fehltritt in seiner Karriere werden.

Fazit

Je besser Sie Ihre individuellen Stärken kennen, desto effektiver und zielgerichteter können Sie diese einsetzen.

Frage 4: Welche Kenntnisse und Erfahrungen zeichnen Sie und Ihre Arbeit aus?

Über Ihre spezifischen Fähigkeiten und Qualitäten hinaus haben Sie in Ihrem Leben wichtige Kenntnisse erworben und Erfahrungen gesammelt – sei es durch Ihren persönlichen Werdegang (zum Beispiel viele Reisen, besondere private Herausforderungen) oder im beruflichen Bereich (Branchen, Führungsfunktion, Konflikte, Unterneh-mensbereiche, Zielgruppen, internationale Projekte).

Ihre Kenntnisse und Erfahrungen machen Sie zum Experten. Über 90 Prozent der Kunden wählen den Berater nach seiner Erfahrung aus – nur in wenigen Ausnahmen funktioniert das Gegenteil: *„Gerade weil ich keine Ahnung von dieser Branche habe, berate ich zurzeit nur Automobilkonzerne. Denn als Branchenfremder (bzw. Quereinsteiger) liefere ich den wirklich neuen Blickwinkel, der innovative Lösungen hervorbringt."* – Diese Strategie würde jedoch verlangen, die Branche jedes Jahr zu wechseln.

Daher sind Ihre Kompetenzen erheblich für den Erfolg Ihrer Geschäftsidee. Und Sie sind gefragt, diese durch die Dauer Ihrer Tätigkeit für die Branche, die Anzahl der Projekte im Fachgebiet und aussagekräftige Referenzen zu belegen.

Frage 5: In welchem Arbeitsumfeld erzielen Sie Höchstleistungen?

Jeder von uns hat bestimmte Eigenarten, Verhaltens- und Arbeitsweisen. Die Frage, die sich nun stellt, ist: Unter welchen Rahmenbedingungen laufen Sie zu Höchstform auf? Während der eine besonders gut im Gespräch mit anderen nachdenken und neue Ideen entwickeln kann, benötigt ein anderer einen ruhigen Ort für sich alleine. Der eine bevorzugt das kreative Chaos, der andere einen freien Schreibtisch mit klarer Ordnung. Manche Berater lieben die Herausforderung – je kurzfristiger der Termin desto besser –, andere benötigen ausreichend Pufferzeiten und Freiraum, um kreativ und zuverlässig arbeiten zu können.

Denken Sie nun an Situationen, in denen Sie persönlich zu Höchstform aufgelaufen sind. Welche Rahmenbedingungen waren da erfüllt?

Als Berater haben Sie die Möglichkeit, Ihr Arbeitsumfeld, Prozesse und Strukturen in Ihrem Sinne zu beeinflussen. In der Praxis hat es sich bewährt, die wichtigsten Faktoren als besonderes Merkmal in der eigenen Vorgehensweise zu etablieren.

Warum nicht „Coaching in Bewegung", also im Gehen, wenn Sie ein Bewegungsmensch sind. Oder Telefoncoaching, wenn Sie besser von zu Hause aus arbeiten möchten und sich am Telefon besonders gut auf Ihr Gegenüber fokussieren können? Oder „Impulstage" direkt beim Kunden, wenn Sie in intensiver und interaktiver Arbeitsatmosphäre die besten Leistungen bringen.

Sind Sie eher der Typ, der Ruhe benötigt, um kreativ zu sein, dann bauen Sie Ihren Arbeitsalltag auch entsprechend auf. Vereinbaren Sie zum Beispiel Intervalle, in denen Sie die Kerninformationen vom Kunden erhalten, und bauen Sie dann Blöcke ein, in denen Sie in entspannter Umgebung neue Ideen generieren können.

Frage 6: Was sind Ihre Vision?

Sie sind sich ihrer Antriebsfedern, Ihrer Leidenschaften, Ihrer besonderen Kompetenzen, Ihres Erfahrungsschatzes und Ihres optimalen Arbeitsumfeldes bewusst. Stellen Sie sich nun vor, all Ihre Wünsche würden wahr: Sie finden das Berufsfeld, das Sie erfüllt und ernährt, Sie können Ihre Potenziale ausschöpfen und Ihren Lebenstraum realisieren. Sie können sich also getrost zurücklehnen:

- Was sehen und hören Sie?
- Gibt es einen Geruch oder Geschmack dazu?
- Beschreiben Sie, was Sie tun,
- welche Menschen Sie umgeben oder ob Sie alleine sind,
- wo Sie sich befinden.
- Wer sind Ihre Kunden?
- Welche Bedürfnisse decken Sie bei Ihren Kunden ab?
- Was haben Sie schon alles geschafft?

Erleben Sie Ihre Vision, genießen Sie sie, und fassen Sie diese anschließend in Worte. Sie ist Ihr Zugpferd. Sie gibt Ihnen Richtung, Kraft und Energie. Ob Sie sie verwirklichen werden? Die Chance steigt auf jeden Fall nur, wenn Sie es versuchen.

Seine eigene Vision zu haben hat einen weiteren entscheidenden Vorteil: Wenn Sie wirklich Ihrer Vision folgen – und diese auch Ihre Kunden mit einbezieht –, werden Sie damit auch Ihre Kunden „anstecken", das heißt, sie anziehen und an sich binden!

Frage 7: Was sind Ihre persönlichen und beruflichen Ziele?

Um Ihrer Vision näher zu kommen, ist es wichtig, konkrete Schritte zu planen, denn: Klare, herausfordernde und realistische Ziele geben Ihrer Zukunft die gewünschte Richtung. Mit deren Hilfe können Sie Zufall von Erfolg beziehungsweise Misserfolg unterscheiden – aus beidem können Sie wichtige Erkenntnisse ziehen.

Zusätzlich erhöhen Sie durch das Planen konkreter Schritte die Wahrscheinlichkeit, Ihr Vorhaben auch zu erreichen.

In der Zielformulierung spiegeln sich die eigenen Werte wider und sie bezieht alle Lebensbereiche ein – berufliche wie private. Haben Sie eine Vorstellung davon, bis wann Sie wie viele Kunden mit welchem Umsatz akquiriert haben wollen? Welchen Gewinn wollen Sie in den nächsten 3 Jahren erzielen? Bis wann wollen Sie Expertenstatus aufgebaut und einen bestimmten Bekanntheitsgrad in Ihrer Zielgruppe erlangt haben? Und so weiter.

Es lohnt sich, denn ...

... laut der American Society of Training and Development liegt die Wahrscheinlichkeit, dass Sie Ihr Vorhaben umsetzen, bei

10 %, wenn Sie eine Idee hören,

25 %, wenn Sie bewusst entscheiden, diese anzunehmen,

40 %, wenn Sie sich entscheiden, diese umzusetzen,

50 %, wenn Sie planen, wie Sie sie umsetzen werden,

65 %, wenn Sie sich gegenüber jemand anderem verpflichten, sie umzusetzen,

95 %, wenn Sie ihm gegenüber zu einem konkreten Zeitpunkt dazu verpflichten.

Die entscheidende Frage ist:
Was wollen Sie wirklich?

Sie haben bereits viele Faktoren kennen gelernt, die Ihnen Hinweise darauf geben, was Sie wirklich wollen. Was machen Sie nun, wenn Ihnen (wieder einmal) eine richtig gute Idee kommt, die vielleicht nicht in Ihr bisheriges Konzept passt? Ist es falsch, neuen Ideen und Impulsen zu folgen? Bestimmt nicht. Impulse sind wichtige Fingerzeige und es kann genau richtig sein, in bestimmten Situationen ganz andere Wege einzuschlagen.

Nur sollten Sie so grundsätzliche Entscheidungen gut abwägen und sehr bewusst treffen. Wie Sie dabei vorgehen? Stellen Sie sich immer die entscheidenden sieben Fragen:

Checkliste: Was will ich wirklich?

1. Entspricht dies meinen Werten und meiner Motivation (oder erliege ich gerade dem Reiz des Neuen)?
2. Brenne ich für dieses Thema? Würde ich dafür alles andere stehen und liegen lassen?
3. Entspricht diese Idee meinen Fähigkeiten? Kann ich in diesem Bereich ausreichend kompetent auftreten oder mir in einem realistischen Zeitrahmen entsprechende Fähigkeiten aneignen?
4. Wie kann ich meine Kenntnisse und Erfahrungen für dieses neue Vorhaben nutzen?
5. Lässt sich die Idee in einem Arbeitsumfeld realisieren, in dem ich volle Leistung erbringen kann?
6. Komme ich damit meiner Vision einen Schritt näher?
7. Erreiche ich damit meine beruflichen und privaten Ziele? Kann ich meine Ziele der neuen Idee (verträglich) anpassen?

Wenn Sie erst mal begonnen haben, mit diesen Fragen zu arbeiten, werden diese mehr und mehr in Fleisch und Blut übergehen. Sie werden schnell merken, welche Ideen passen und welche nicht.

Wenn Sie unsicher sind, fragen Sie einen Freund oder Bekannten und erzählen Sie von Ihren Überlegungen. (Aber bitte nicht mehrere; denn allzu viele Berater „verderben den Brei", machen nur konfus!) Denn Außenstehende können Ihre Bedenken und Motivationen häufig sehr gut spiegeln. Allein die Art, wie Sie berichten, sagt viel darüber aus. Aber Vorsicht, denn manche Menschen (erfahrungsgemäß gerade die, die uns nahe stehen) sind skeptisch gegenüber Veränderungen und könnten selbst hervorragende, geeignete Ideen ablehnen. Besser ist also jemand, der keinerlei persönliches Interesse daran hat, welchen Weg Sie letztlich einschlagen.

Viel Freude und viel Erfolg auf Ihrer Entdeckungsreise!

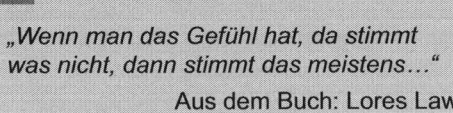

„Wenn man das Gefühl hat, da stimmt was nicht, dann stimmt das meistens…"
Aus dem Buch: Lores Law

Modul 10:
Die Internetseite –
Eine Seite Ihrer Persönlichkeit

Gastbeitrag von Nadine Hamburger

Internetseiten von Beratern werden immer austauschbarer. Kein Wunder, könnte man meinen, schließlich handelt es sich um ein virtuelles, weltweit gespanntes Netz aus Bildern, Buchstaben und Grafiken. Und dennoch: Es ist durchaus möglich, sich in diesem Medium nicht nur klar von anderen abzuheben, sondern auch als einzigartige Persönlichkeit zu wirken! Leider nutzen nur wenige die Potenziale, die ihnen die Internetseite bietet.

Vorab zwei Fragen an Sie:
Was meinen Sie …
▨ wie viel Zeit verweilt ein Interessent im Durchschnitt auf der Internetseite eines Beraters?
▨ welche Seite wird nach der Startseite am häufigsten angeklickt?

Die Antworten sind:
▨ 120 Sekunden verweilt der durchschnittliche Besucher, wenn ihm die Seite gefällt (!).
▨ Nach der Startseite wird am häufigsten das Profil des Beraters angeklickt.

> **Praxistipp**
>
> Nach der Startseite wird am häufigsten das Profil des Beraters angeklickt.

Daraus ergeben sich die beiden größten Herausforderungen, denen wir gegenüberstehen:
▨ Wie können Sie in kurzer Zeit das vermitteln, was Sie als Berater ausmacht?
▨ Wie können Sie dem Interesse an Ihrer Person gerecht werden beziehungsweise es für sich nutzbar machen?

Wie Sie sich denken können, gibt es hier keine Generallösung. Dennoch gibt es wichtige Elemente, auf die Sie bei der Gestaltung Ihrer Internetseite achten sollten. Die werde ich Ihnen im Überblick darstellen. Damit diese auch für Sie greifbar werden, erläutere ich Ihnen diese Faktoren anschließend ganz konkret und plastisch an einem Praxisbeispiel.

Was Sie mit Ihrer Internetseite mitteilen

Zunächst ist es sinnvoll, die Ziele und angesprochenen Zielgruppen der Internetseite zu bestimmen:

▨ Was wollen Sie mit Ihrer Website erreichen?
▨ Wollen Sie potenzielle Kunden neugierig machen?
▨ Zum Erstkontakt animieren?
▨ Wollen Sie Interessenten informieren?
▨ Bestehende Kunden bedienen?

Bestehende Kunden und Interessenten halten?

Wollen Sie Ihren Expertenstatus untermauern?

Wen sprechen Sie an?

Sind es Privatpersonen, Personalentwickler, die Sie für Dritte buchen – oder sind es Geschäftskunden?

Welchen Gesamteindruck wollen Sie vermitteln?

Welche Gefühle wollen Sie beim Leser erzeugen?

Wenn Sie diese Fragen für sich geklärt haben, können Sie beginnen:

Schritt 1:
Adressieren & Interessieren

Im ersten Schritt müssen Sie den Kunden konkret ansprechen. Das können Sie, indem Sie

ihn in seiner Situation abholen, das heißt, seinen Leidensdruck und seine Bedürfnisse ansprechen.

ihm mitteilen, welche spezielle Lösung Sie für sein Problem parat haben.

ihn verständlich und in seinen Worten ansprechen. Fachbegriffe und Anglizismen schrecken in der Regel ab und vermitteln ihnen das ungute Gefühl des unwissenden Laien. Wissenschaftliche Ausführungen und lange Schachtelsätze führen bei vielen Kunden im besten Falle zu grauen Haaren, ansonsten zur Internetseite Ihres Wettbewerbers – denn insbesondere diese Zielgruppe

will möglichst schnell die Kernpunkte Ihres Angebotes erfassen können.

viertens ihm darstellen, was ihn in der Zusammenarbeit erwartet. So sollte zum Beispiel ein Coach, der sich auf den Stil des „Provokativen Coachings" spezialisiert hat, seinen Leser darüber aufklären was ihn erwartet, bevor dieser in der ersten Coaching-Session in den „Schwitzkasten" genommen wird. Es kann sinnvoll sein, einen kleinen „Eignungstest" zu integrieren, in dem die wesentlichen Eigenschaften abgefragt werden, die Ihre Kundschaft mitbringen sollte. Das Ergebnis kann dann direkt online oder innerhalb von 48 Stunden per Mail zugänglich gemacht werden.

Wenn sich Ihr Kunde sowohl als Person als auch in seiner aktuellen Situation angesprochen fühlt und den Eindruck gewinnt, dass Sie ihn kompetent begleiten können, liest er weiter. Interessenten, die Sie nicht bedienen wollen oder können, melden sich im besten Fall gar nicht erst.

Schritt 2:
Informieren & Differenzieren

Die Neugier ist geweckt. Jetzt möchte der Leser mehr erfahren. Schon hier (und nicht erst im Erstgespräch) müssen Berater beweisen, was wirklich in Ihnen steckt. Ihr Marktauftritt sollte Ihre Einzigartigkeit darstellen und sich von Ihren Mitbewerbern abheben. Oder anders formuliert: Sie geben hier dem Kunden einen Grund, gerade Sie zu buchen und niemand anderen. Das ist die erste Stufe. Dann folgt die zweite: Es geht nicht nur darum, etwas zu *behaupten* (was viele tun), sondern dies auch zu belegen. Daher ist es so wichtig – und zwar auf allen Kommunikationsebenen der Internetseite –, die gleichen Botschaften auszusenden.

Wie können Sie also zeigen, dass Sie so erfahren und professionell sind, wie Sie behaupten? Sie beweisen es mit Ihrem Profil, Ihren Referenzen, Ihrem Bild, Ihren Inhalten und Formulierungen, Ihrer Internetseitenstruktur, der grafischen Gestaltung, mit Farben, Bildern und Interaktionselementen. Mittels dieser Elemente können Sie ebenfalls wichtige zusätzliche Botschaften versenden, ohne sie mit Worten benennen zu müssen. Zum Beispiel ist es möglich, Ihre Werte, Ihre Arbeitsweise oder Ihre persönliche Art indirekt, aber wirkungsvoll über grafische Elemente, Bilder oder interaktive Elemente zu transportieren.

Nehmen wir beispielsweise die Kernwerte Pragmatismus und Schnelligkeit. Schicken Sie Ihrem Kunden bei einer Anfrage über das Kontaktformular nicht nur eine höfliche automatische Bestätigung, dass er innerhalb von 24 Stunden eine Antwort erhält, sondern auch gleich eine exemplarische Projektskizze, die Ihren pragmatischen Ansatz zeigt. So erhält er bis zu Ihrer individuellen Antwort schon einen ersten Eindruck von Ihren Besonderheiten. Über Ihr Handeln (per Website!) kommunizieren Sie Schnelligkeit und Pragmatismus: schnelle Antwort und sofort konkrete Informationen. Das wirkt glaubwürdig, und Ihre Arbeitsweise wird erlebbar.

Das Profil

> **Hinweis**
>
> Lesen Sie mehr zu diesem Thema in Modul 7. Da das Thema für Websites besonders relevant ist, hier einige Ergänzungen.

Die meistgelesene Seite in Ihrem Internetauftritt: das Profil. Es ist so begehrt und so bedeutend, da es Sie als Person zeigt. Denn: Bevor ich einen Berater, Coach oder Trainer engagiere, will ich sichergehen, dass er zu mir beziehungsweise meinen Mitarbeitern passt! Hier findet demnach der erste „Chemie-Check" statt. Zusätzlich haben Sie an dieser Stelle die Möglichkeit, sich eindeutig von anderen zu unterscheiden.

Hier einige Kernfragen für Ihre Profildarstellung:

▨ Wie wirken Sie als Person mit Ihrem Bild? Wirken Sie sympathisch? Passt Ihr Äußeres zu den Unternehmen Ihrer Klientel?

▨ Wie sind Sie zu dem gekommen, was Sie heute tun?

▨ Was hat Sie zu dem gemacht hat, was Sie heute sind? Was hat Sie geprägt?

▨ Was ist das Besondere an Ihrer Arbeitsweise?

▨ Welche persönlichen Erfahrungen waren wichtig für das, was Sie heute anbieten?

Des Weiteren findet im Profil der „Authentizitäts-Check" Ihrer Person statt:

▨ Kann er wirklich halten, was er verspricht?

■ Welche Qualifikationen und Erfahrungen kann er vorweisen?

■ Welche Kompetenzen zeichnen ihn aus?

■ Über wie viele Jahre Berufserfahrungen verfügt er? In welchen Unternehmen/Branchen? Mit welchen konkreten Tätigkeiten?

Zeigen Sie in Ihrem Profil Ihre einzigartige Persönlichkeit, werden Sie aber nicht zu persönlich. Stellen Sie nur die Punkte dar, die auch relevant für Ihr Angebot sind.

Als strategischer Berater für Geschäftskunden gehören zum Beispiel Ihre Yoga- und Meditationspraxis nicht in Ihr Profil – es sei denn, sie spielen eine wesentliche Rolle für Ihre Arbeitsweise.

Eine gute Möglichkeit zu wirken – neben einem aussagekräftigen Bild – und dabei den unterschiedlichen Informationsbedürfnissen gerecht zu werden, bietet die Variante der zwei verschiedenen Profile. Es hat sich in der Praxis bewährt, denen, die es gerne schnell und auf einen Blick hätten, ein detailliertes Faktenprofil zur Verfügung zu stellen; zusätzlich „erzählen" Sie in einem etwas ausführlicherem Lebenslauf, wie Sie zu dem gekommen sind, was Sie heute beruflich darstellen. Besonders wichtig ist hierbei, dass keine endlose Litanei entsteht, sondern dass Sie Spannung aufbauen und Ihre Leidenschaft zum Ausdruck kommt. Dafür darf dieser Text aber auch ausnahmsweise etwas länger sein. Das ist eine anspruchsvolle Arbeit, die etwas Zeit und Sorgfalt erfordert, aber es lohnt sich!

Gestaltungselemente

Chemie- und Authentizitätscheck gehen allerdings über das Profil hinaus. *So werden Sie als Trainer für Projektleiter von Bauvorhaben mit Bildern, die Sie im Nadelstreifenanzug zeigen, nicht ankommen. Und eine leuchtend orangefarbene Seite mit ansprechenden Naturaufnahmen mag für Coaching-Klienten die richtige Botschaft aussenden, für einen Berater im Bereich der Finanzbranche sind diese jedoch ungeeignet.*

Ebenso wichtig ist es für Berater in professionellen Bereichen, in die grafische Gestaltung der Internetseite zu investieren. Denn Ihre Beratung kann noch so professionell sein – wenn eine „selbst gemacht" wirkende Website darüber informiert, werden Sie beim potenziellen Kunden nicht punkten.

Auch Text ist nicht gleich Text. Er hat einen Inhalt, eine Struktur, Satzbau und -länge, eine bestimmte Wortwahl und Sprache. *Wenn pragmatisches Vorgehen und schnelle Ergebnisse wesentliche Merkmale Ihrer Arbeit sind, sollten Sie keine langen Schachtelsätze verwenden und erst über Umwege zum Punkt kommen.* Praktizieren Sie also in Ihrer Schreibweise, was Sie mit Worten vermitteln – sonst senden Sie zwei unterschiedliche Botschaften aus und lassen beim Kunden Zweifel an Ihrer Glaubwürdigkeit aufkommen.

Dienstleistung und Referenzen

Vielleicht haben Sie Ihren Leser auch neugierig gemacht auf die konkreten Dienstleistungen (oder Produkte) und Methoden, mit denen Sie versprechen, sein Problem zu lösen.

Bringen Sie in Erfahrung, welche Informationen für Ihre Zielgruppe *wirklich* wichtig sind, wenn sie Ihre Internetseite besucht. Viele Berater sind sehr gut darin, Ihre Produkte detailliert zu beschreiben und als Experte Hintergrundinformationen zu liefern. Das Problem dabei: Es wird im Internet oft nicht gelesen. Die eigentlichen Kernbotschaften gehen unter. Im schlimmsten Fall stößt allein die Textlänge ab (es wird kritisch, sobald diese mehr als eine Bildschirmseite umfasst) – und sei der Inhalt noch so hervorragend.

Die Herausforderung besteht darin, die *für den Leser wesentlichen* Kerninformationen *schnell* und *übersichtlich* zur Verfügung zu stellen.

Seien Sie bei der Darstellung Ihrer Produkte kreativ. Wenn Ihre Kernbotschaften langjährige Erfahrung und innovative Problemlösung sind (was kein einfaches Unterscheidungsmerkmal in der Beratungsbranche darstellt), könnten Sie Ihre Dienstleistungen zum Beispiel folgenderweise unterbreiten:

„Viele Berater behaupten, dass sie innovative und individuelle Problemlösungen für das Problem xy anbieten. Behaupten können wir alle viel.

Daher zeigen wir Ihnen, was innovative Problemlösung bei uns bedeutet:
Projekt 1: ...
Projekt 2: ....
Projekt 3: ... ."

So machen Sie das erlebbar und glaubwürdig, was viele behaupten. Sie können sich also von anderen abheben, indem Sie Ihre Botschaft *überzeugender* transportieren.

Schritt 3: Aktion auslösen

Dies ist der entscheidende Schritt. Ihr Leser soll nun in Aktion treten. Also helfen Sie ihm dabei! Die Basis ist klar: Sie brauchen eine Kontaktmöglichkeit, und zwar möglichst in allen Varianten, per Mail, Telefon, Fax. Das Problem, das erfahrungsgemäß auftritt: Die Hürde zur Kontaktaufnahme seitens des Kunden ist groß.

Daher macht es sich bezahlt, es den potenziellen Kunden möglichst leicht zu machen. Zum Beispiel, indem er an den wesentlichen Stellen auf Ihrer Internetseite konkrete Fragen gestellt bekommt, die ihn beschäftigen könnten unterhalb der Produktdarstellungen, beim Profil, bei den Hintergrundinformationen etc.):

▨ „Wünschen Sie sich noch weitere Informationen zum Thema xy?"
▨ „Hätten Sie gerne ein Angebot zu xy?"
▨ „Möchten Sie gerne persönlich mit mir sprechen?"

Jede dieser Fragen führt – die heutige Technik macht's spielend möglich – zum Kontaktformular.

Noch attraktiver gestalten Sie die Kontaktaufnahme, indem Sie beispielsweise eine kostenlose Dienstleistung anbieten.

Ein Trainer für Projektmanagement könnte eine Checkliste entwickeln: „Testen Sie Ihre sieben Kernfähigkeiten als Projektleiter." Das Ergebnis könnte Entwicklungsmöglichkeiten aufzeigen und automatisch oder persönlich mit Kommentaren und Anregungen versehen werden.

Ziel ist immer, Ihren Interessenten über die Hürde der ersten Kontaktaufnahme hinwegzuhelfen. Positive Nebeneffekte sind unter Umständen: Sie erfahren mehr über Ihre Kunden (vielleicht lassen sich diese Informationen wieder in einer Studie verarbeiten?) und Sie bieten Ihrem Interessenten oder Kunden einen zusätzlichen Wert (Aufzeigen seiner Entwicklungsmöglichkeiten).

Welchen anderen wesentlichen Schritt können Sie gehen, um die Hürde der Kontaktaufnahme möglichst niedrig zu machen? Hier zählen Sie mit Ihrer Person. Denn wenn ich weiß, wer mich am anderen Ende des Telefons erwartet, und den Eindruck gewinne, dass die Chemie stimmt, greife ich schneller zum Telefonhörer oder schreibe eine E-Mail.

Wie also können Sie Ihre Person schon auf der Website persönlich und vertrauensvoll darstellen, den Bann am leichtesten brechen? Wie wär's mit einem „Live"-Auftritt? Die Medien machen es möglich: Drehen Sie eine kurze Videosequenz, in der Sie sich und Ihre Dienstleistungen kurz vorstellen und in der Sie Ihre Kernbotschaften übermitteln. Die Videodatei können Sie auf Ihrer Internetseite platzieren, Interessenten aber auch per Mail zukommen lassen. Die einfachere Variante wäre eine Audioaufnahme; dies ist vor allem sinnvoll, wenn Sie – wie im Telefon-Coaching – viel über das Telefon kommunizieren.

Statt einer persönlichen Kurzvorstellung, wie oben beschrieben, können Sie typische Fragen Ihrer Kunden beantworten und diese als Text, Audio- oder Videodatei präsentieren. Entweder Sie stellen sich die Fragen indirekt selber, zum Beispiel: „Eine Frage, die mir meine Kunden häufig stellen, ist …", „Meine Kunden fragen sich oft …", oder Sie lassen sich die Fragen – ob spontan oder vorbereitet – von jemand anderem im Interview-Stil stellen. Testen Sie aus, in welcher Variante Sie authentischer wirken.

Hier eröffnet sich auch eine weitere Möglichkeit, in den Dialog mit Ihren Kunden zu treten: Bitten Sie beispielsweise bestehende und neue Kunden um Fragen oder Themenbereiche, die sie interessieren oder um Feedback. Diese können Sie dann wieder als Kundenstimmen und gegebenenfalls Referenzen auf Ihrer Seite abbilden.

Das Gleiche gilt für Hintergrundinformationen und Publikationen. Sie bieten dem Kunden nicht nur ein (noch) ungewöhnliches Medium, wenn Sie mit Video- oder Audioaufnahmen arbeiten, sondern generieren einen wahren Mehrwert, indem Sie interessante Informationen aufbereiten. Dies macht es auch für bestehende Kunden immer wieder spannend, Ihre Seite zu besuchen.

Fazit: www – Die Seite Ihrer Persönlichkeit

Welche Gestaltungselemente Sie auch nutzen, fragen Sie sich immer, ob diese Ihre Unterscheidungsmerkmale zum Mitbewerber sowie die Besonderheiten Ihrer Arbeit und Ihrer Persönlichkeit unterstützen. Sie haben auf Ihrer Internetseite einen sehr großen Gestaltungsspielraum und können darüber sehr viel – direkt *und* indirekt – kommunizieren. Wichtig ist, dass Sie wissen, *was* Sie *wie* kommunizieren wollen und dass Sie nicht

aus Versehen unterschiedliche Botschaften aussenden.

Sprechen Sie Ihre Zielgruppe möglichst konkret an, übermitteln Sie eindeutig und glaubhaft Ihre Alleinstellungsmerkmale und Kernbotschaften (auf allen Kanälen!), informieren Sie konkret und dem tatsächlichen Informationsbedarf entsprechend, und machen Sie es Ihrem Kunden leicht, mit Ihnen (wieder) Kontakt aufzunehmen.

Kurzum: Betrachten Sie Ihre Internetseite als eine Seite Ihrer Persönlichkeit!

Ein Beispiel aus der Praxis:

Wie eine Beraterpersönlichkeit auf der Internetseite wirken kann, möchte ich Ihnen anhand eines Beispiels erläutern. Eine wirkungsvolle Seite. Aber auch diese Seite birgt noch Entwicklungspotenzial.

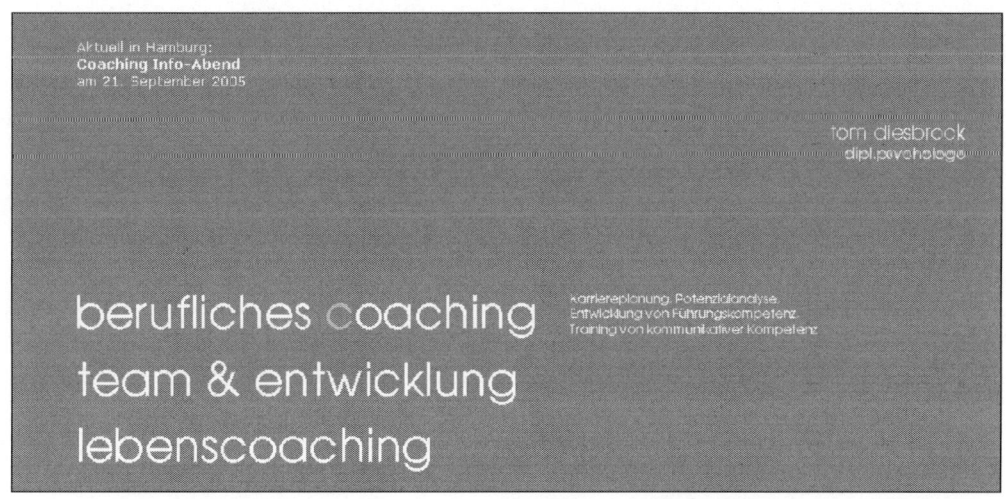

Abbildung 1: Homepage von Tom Diesbrock.

Die Internetseite von Tom Diesbrock ist gelungen. Sie…

▨ entspricht den Bedürfnissen und dem Bedarf der Zielgruppe,

▨ ist grafisch sehr ansprechend und professionell gestaltet,

▨ zeigt die Persönlichkeit des Beraters/ Coachs auf sehr authentische Art.

Wenn er auf dieser Basis noch stärker seine Besonderheiten und die Einzigartigkeit des Angebots herausarbeitet, kann er sich allerdings noch deutlicher von seinen Mitbewerbern unterscheiden – und Interessenten für sich gewinnen.

Zu den einzelnen positiven Aspekten und weiteren Optimierungsmöglichkeiten im Detail:

Schritt 1: Adressieren & Interessieren

Der Autor steht vor einer wesentlichen Herausforderung. Sein Angebot umfasst drei unterschiedliche Themenbereiche – Berufliches Einzelcoaching, Arbeit mit Teams, Lebenscoaching – und ist sowohl an Geschäftskunden als auch an Privatkunden adressiert. Das heißt:

Zum einen gilt es, den Leser auf den Bereich zu leiten, der für ihn relevant ist. Diese Aufgabe ist gut gelöst. Denn die drei Themenbereiche sind auf einer vorgeschobenen Startseite klar aufgeführt. Eine Kurzbeschreibung der Bereiche erscheint, wenn der Mauszeiger auf die Begriffe stößt. Nach Auswahl der für ihn relevanten Seite kommt der Interessent auf „seine" eigentliche Startseite.

Zum anderen müssen beide Zielgruppen in ihrer (Problem-)Situation, in der spezifischen Tonalität und in ihrem unterschiedlichen Informationsbedarf angesprochen werden. Dies wird auf den „zweiten Seiten" realisiert, also den Startseiten für die einzelnen Themenbereiche. Der Internetauftritt von Tom Diesbrock ist folglich dreigeteilt, wobei jeder Bereich eigenständig ist und spezifische Informationen zu Angebot und Profil, Aktuelles und Kontaktmöglichkeiten umfasst (die Inhalte sind zum Teil identisch, zum Beispiel im Hinblick auf Profil und Kontakt). So ist es dem Autor möglich, die verschiedenen Zielgruppen individuell und konkret anzusprechen.

Doch nun zum Nachteil, den die zwei Zielgruppen und drei Themen in diesem Beispiel bergen: Der Leser muss zunächst eine Auswahl treffen, bevor er mit seinen konkreten Bedürfnissen angesprochen wird. Das eigentliche „Interesse wecken" beginnt erst auf der folgenden Seite. Besser ist es, wenn der Leser auf den ersten Blick erfährt, ob er bei Ihnen richtig ist oder nicht.

Hier wird deutlich: Je stärker Sie auf (wenige) Themen (und/oder Zielgruppen) spezialisiert sind, desto leichter wird es für Sie sein, Ihre Kunden schnell, konkret und direkt anzusprechen und sie dort „abzuholen", wo sie gerade stehen. Startseiten, die keinen Inhalt bieten (nur Logos, überflüssige Animationen, reines „Herzlich willkommen bei

Abbildung 2

…"), sind in der Beraterbranche dringendst zu vermeiden. Der Leser möchte relevante Informationen. Schnell. Direkt.

Auf der eigentlichen Startseite – hier exemplarisch die Seite für den Themenbereich „Berufliches Coaching" – geht es darum, das Interesse des Lesers zu wecken. Eine bewährte Methode ist – wie hier –, konkrete Fragen zu stellen, die die Zielgruppe üblicherweise beschäftigen. Der Leser beantwortet innerlich die Fragen. Wenn er eine oder mehrere mit „ja" beantwortet, fühlt er sich angesprochen.

In diesem Beispiel ist festzuhalten, dass die Fragen noch recht allgemein sind. Das hängt sicherlich damit zusammen, dass sowohl die Zielgruppen als auch die Themen im Coaching von Tom Diesbrock sehr breit gefasst sind. Darüber hinaus führen weniger

gebräuchliche Redewendungen zu größerer Individualität und damit zu besserer Abgrenzung.

Nachdem das Interesse geweckt wurde, sollte in der zweiten Stufe das Gefühl entstehen, dass der Anbieter genau die richtige Lösung für die Fragestellung bietet. Das ist hier noch nicht der Fall. „Herzlich willkommen" impliziert zwar, dass Sie als Leser richtig sind, aber es überzeugt noch nicht.

Um das Interesse nachhaltig zu wecken und sich vor allem von anderen abzugrenzen, wären hier ein bis zwei Sätze sehr viel wirkungsvoller, die die folgende Fragen beantworten: Welche (einzigartige) Lösung habe ich zu bieten und warum bin ich mit meinen Besonderheiten genau der richtige Ansprechpartner für Sie?

Schritt 2: Informieren & Differenzieren

Der interessierte Leser kann in dem übersichtlichen Menü sofort die für ihn relevanten Informationen ausmachen. Sowohl auf der Startseite als auch in den folgenden Untermenüs. So erreicht er zielgerichtet weiterführende Informationen – ohne den Überblick zu verlieren. Er weiß immer, in welchem Bereich der Website er sich gerade befindet. Überaus angenehm ist auch, dass er auf keiner der angelegten Seiten scrollen muss. Dadurch entstehen zwar mehr Seiten, die der Leser durchblättern muss. Jedoch wird dies durch die Möglichkeit, die gesamte Seite als PDF-Datei anzusehen und/oder zu drucken, elegant ausgeglichen.

Die Informationen sind kurz und prägnant formuliert. Der Schreibstil ist klar, präzise und persönlich – und wirkt daher authen-

tisch. Der Interessent erfährt beim Lesen das charakteristische Merkmal des Beraters Tom Diesbrock; denn der Stil bestätigt die Aussage im Profil, er spreche mit seinen Klienten eine klare Sprache: „Der persönliche Austausch, die Entwicklung von unterschiedlichen Lösungswegen für unterschiedliche Menschen und die Notwendigkeit, dabei immer eine klare Sprache zu sprechen - das mag ich an meiner Arbeit!"

Die grafische Gestaltung: schlicht, übersichtlich und stilvoll (klarer Rahmen, der sich nicht verändert, graue Farbgebung mit kontrastreichen warm-roten Akzenten) – eine sichtlich professionelle Grafikgestaltung, unterstützt von den präzisen Formulierungen und der schnörkellosen Struktur. Die sympathisch anmutenden Bilder vermitteln eine natürlich-lockere, aber durchaus seriöse, zuverlässige Art. Insgesamt transpor-

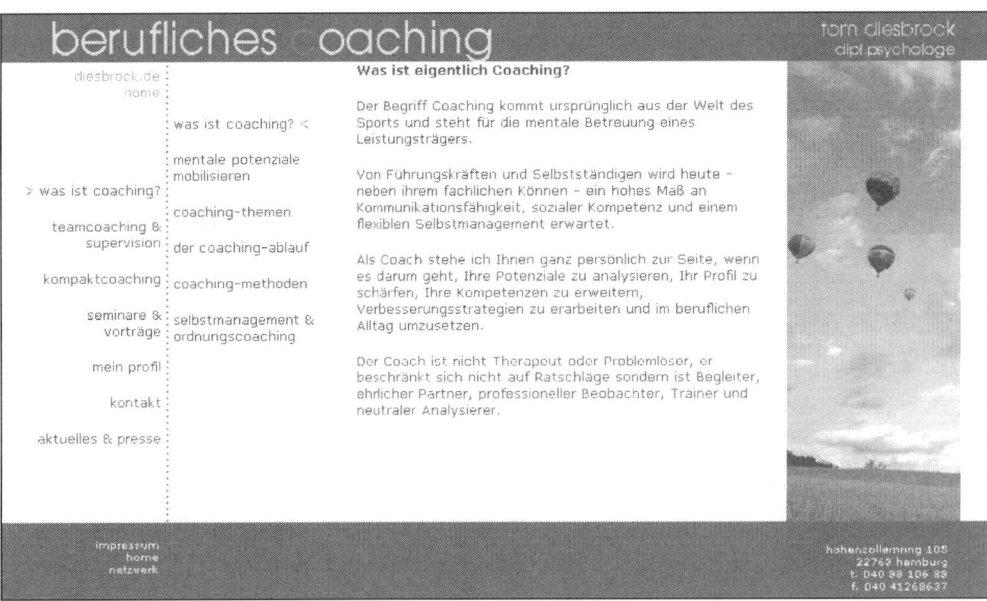

Abbildung 3:

tiert die Internetseite Nähe und Offenheit, erweckt Vertrauen und macht neugierig auf eine interessante Persönlichkeit.

Doch bevor wir uns der Persönlichkeit widmen, erst noch ein Blick auf das konkrete Angebot.

Dieser Bereich der Internetseite bietet den idealen Rahmen, das Besondere des Coaching-Angebots darzustellen. Leider gelingt es dem Autor hier nicht so ganz. Das hat folgende Ursachen:

Die einzelnen Informationen sind zwar kurz und prägnant formuliert, jedoch wird hier eine Fülle von Informationen angeboten. So sollten allgemeine Erläuterungen zum Coaching bestenfalls als Zusatzinformation geliefert werden. Denn diese sind für die Entscheidung für oder gegen einen bestimmten Coach zweitrangig. Der Effekt einer Informationsflut:

▓ Das Gesamtbild wird verwässert und es entsteht nur ein unscharfes Profil.
▓ Kerninformationen sowie Abgrenzungsmerkmale und Besonderheiten gehen unter.

Zuerst gilt es, Gründe zu benennen, warum der Leser für seine Problemstellung Tom Diesbrock als Berater buchen sollte und niemand anderen. Hier gibt es bestimmte Kriterien, nach denen Kunden erfahrungsgemäß ihre Entscheidungen treffen:

▓ Kompetenz und Erfahrung in einem Fachgebiet

▓ oder im Hinblick auf den Interessenten (Zielgruppe),
▓ eine außergewöhnliche Methodik (im Coachingmarkt ist Differenzierung über die Methodik allerdings sehr schwierig)
▓ oder auch über eine besondere persönliche Art, die gerade die Kernzielgruppe anspricht.

Im vorliegenden Beispiel ist das dargestellte Angebot sehr breit und lässt keine deutliche Spezialisierung erkennen – weder in Bezug auf Coachingthemen noch in Bezug auf Zielgruppen etc. So deckt auch der Menüpunkt „Mentale Potenziale mobilisieren", der hier nicht extra abgebildet wird, weitestgehend die allgemeinen Themen im Coachingmarkt ab und bietet keinen Alleinstellungs- oder Spezialisierungswert. Hier wird ersichtlich, wie entscheidend eine klare Positionierung und die Spezialisierung auf Kernprodukte sind – nach wie vor eine der größten Schwachstellen von Beratern.

Die Praxis zeigt, dass ein vom Kunden zugewiesener Expertenstatus einen wesentlichen Gewinn darstellt. Denn wirkt der Berater in dieser oder jener Frage als Experte, wird man ihm automatisch auch Kompetenz in Randthemen zuweisen. Das bedeutet für die Umsetzung, dass Sie nicht alle Themen, in denen Sie coachen könnten (das wären sicherlich viele) auch auf Ihrer Internetseite benennen müssen. Im Gegenteil, wenn Sie alle nennen, wird man Sie keinesfalls als „Experte" wahrnehmen. Denn wer kann schon alles? Aber wenn Sie sich spezialisieren und Ihr Kunde Sie als Experten wahrnimmt, wird er Sie automatisch fragen, ob Sie ihn nicht auch in einem angrenzenden Themenbereich kompetent unterstützen könnten.

Das wesentliche Verbesserungspotenzial der Seite vom Diesbrock besteht also darin, die Alleinstellungsmerkmale wesentlich stärker herauszuarbeiten, das Angebot darauf ab-

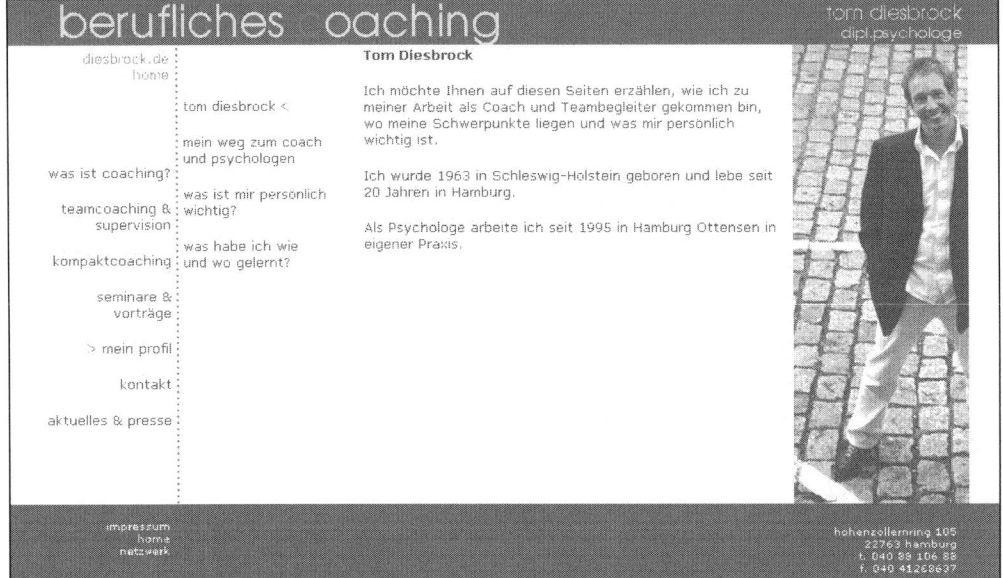

Abbildung 4

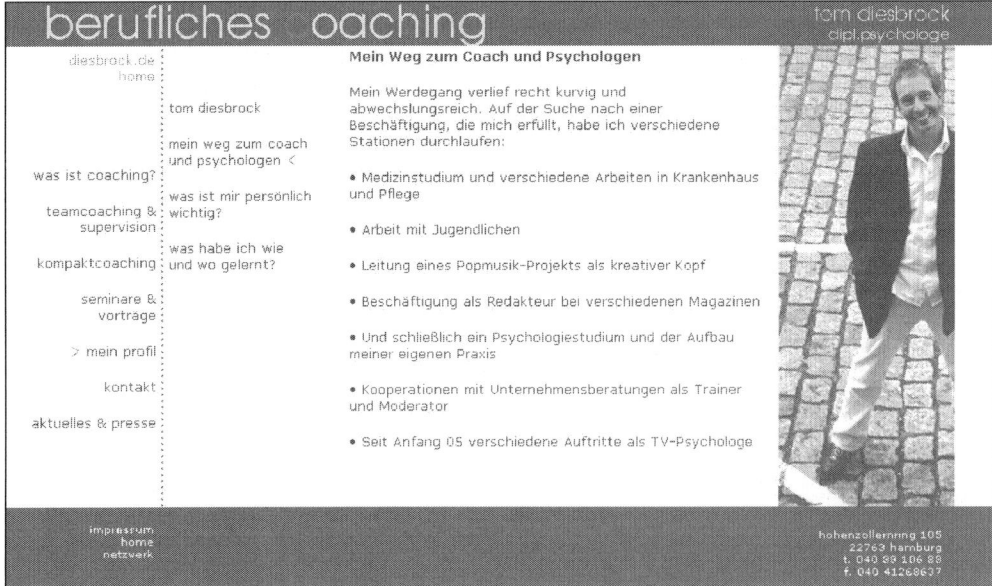

Abbildung 5

zustimmen (zum Beispiel reduzieren oder durch unterschiedliche Positionierungen voneinander lösen) und die Kernelemente klar herauszustellen.

Das Profil. Lassen Sie es auf sich wirken.

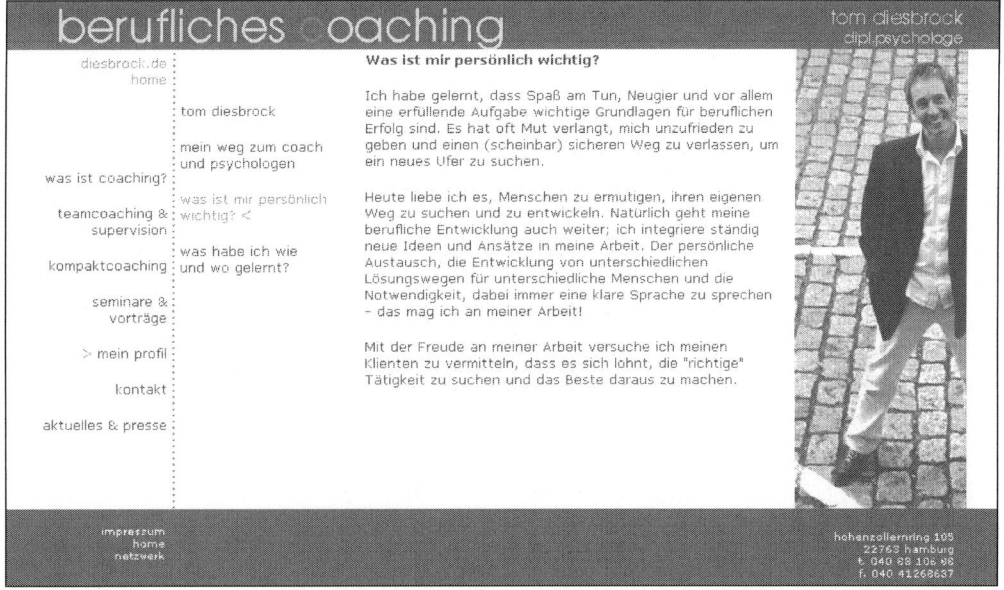

Abbildung 6

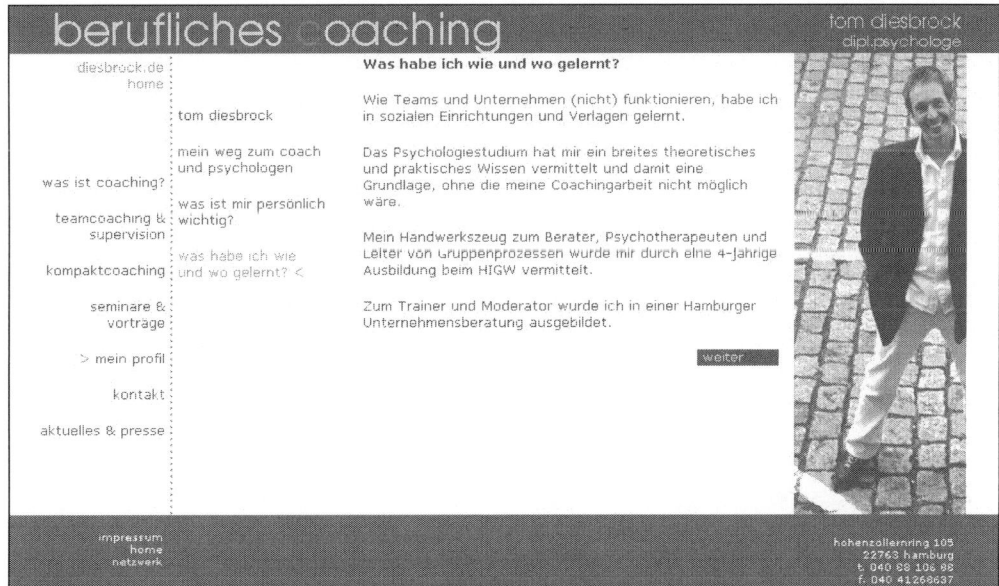

Abbildung 7

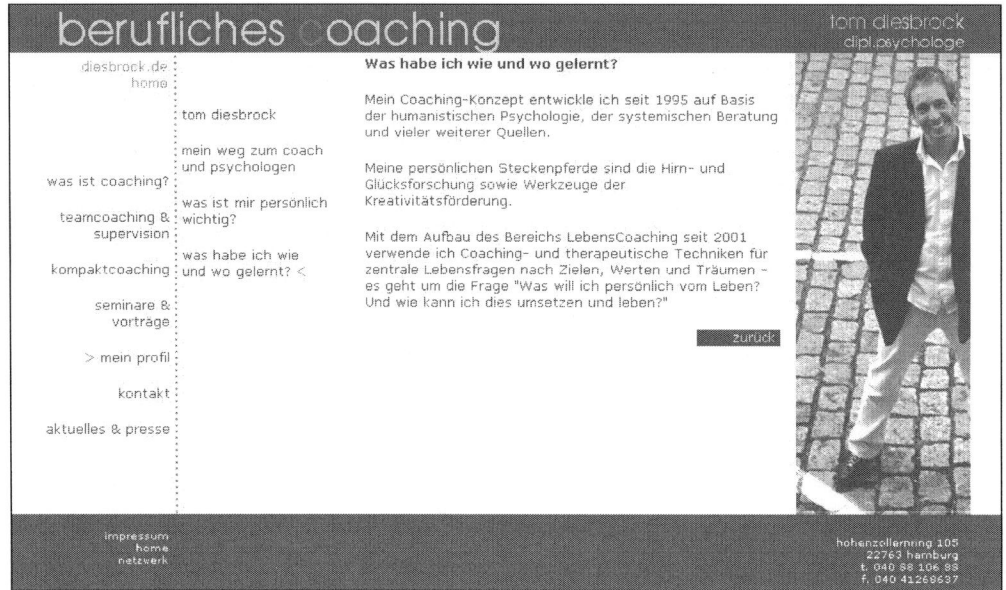

Abbildung 8

Haben Sie ein klares Bild von der Persönlichkeit Tom Diesbrock gewonnen? Ich schon. Er erläutert überzeugend seinen „kurvigen" Werdegang, und in dem Bereich „Was ist mir persönlich wichtig?" sind seine Motivation und Leidenschaft deutlich zu spüren – hier ist auch herauszulesen, welchen Einfluss sein „kurviger Lebensweg" auf seine heutige Tätigkeit hat. Des Weiteren treten seine Schwerpunkte deutlicher hervor.

Dem Leser gegenüber, der sich durch die fünf Seiten klickt, wäre es freundlicher, wenn er schneller auf die Kernpunkte stieße – oder mit noch mehr Spannung durch den Lebensweg geleitet würde. Die erste Seite gibt zum Beispiel noch recht wenig her, schon hier könnte Spannung erzeugt und/oder mehr Inhalt geliefert werden. Möglicherweise mit der Frage „Wie kommt ein Medizinstudent dazu, ein Popmusik-Projekt zu leiten, als Fernseh-Psychologe aufzutreten und Manager zu coachen?" Die folgenden Seiten könnten dann seinen besonderen Werdegang reizvoll beschreiben.

Hierbei ist es wichtig, immer die Relevanz der geschilderten Situationen und Fakten für die heutige Tätigkeit herauszustellen. Dadurch fallen automatisch die für den Leser unwichtigen Punkte heraus. In dem Bereich „Was habe ich wie und wo gelernt?" wird dies nicht deutlich genug. (Was hat die Hirn- und Glücksforschung mit seinem jetzigen Coaching zu tun?) Auch hier wäre die Spezialisierung auf wenige Themen von Vorteil. Denn wenn die Besonderheiten eindeutig sind, ist es einfach, in den Texten immer wieder darauf hinzuleiten. So lassen sich auch Seiten wie „Was habe ich wie und wo gelernt?" wieder spannend aufbereiten.

Alternativ böte sich in dieser Struktur an, Berufsstationen (mit konkreten Angaben zu Dauer und Tätigkeit) in einem so genannten *Faktenprofil* (siehe Modul 7) unterzubringen. Mit diesem Kniff könnten auch die Kernfragen in seiner Arbeit (die hier an allerletzter Stelle im Profil stehen) wieder in den Vordergrund rücken, und zwar an einem Ort auf der Internetseite, den auch weniger geduldige Leser noch lesen und aufnehmen.

Zusammenfassend lässt sich sagen: Chemiecheck und Authentizitätscheck sind gut bestanden. Das Herausheben der Besonderheiten und kleinere Anpassungen könnten das Profil allerdings noch schärfen. Insgesamt jedoch ein sehr stimmiger Auftritt.

Die umfangreiche Publikationsliste untermauert die Kompetenz von Herrn Diesbrock. Dies sorgt für einen Pluspunkt bei der Zielgruppe Privatkunden. Doch um Geschäftskunden zu überzeugen, wären weitere Publikationen in Fachzeitschriften sinnvoll, die seinen Expertenstatus abrunden würden.

Schritt 3: Aktion auslösen

Nun zu einem zentralen Thema: Der Kunde soll sich melden! Daher ist es gut, dass er auf jeder Seite die Kontaktdaten von Tom Diesbrock liest. Hier wäre allerdings die E-Mail-Adresse anstelle der Faxnummer noch leserfreundlicher. Auch wenn es möglich ist, über die Mailfunktion auf der Seite „Kontakt" eine E-Mail zu senden.

Die Kontaktaufnahme könnte Tom Diesbrock seinen Kunden zusätzlich erleichtern, und zwar durch fünf Maßnahmen:

■ Erstens: ein vorgefertigtes Kontaktformular, auf dem der Kunde seine Wünsche einfach ankreuzt,

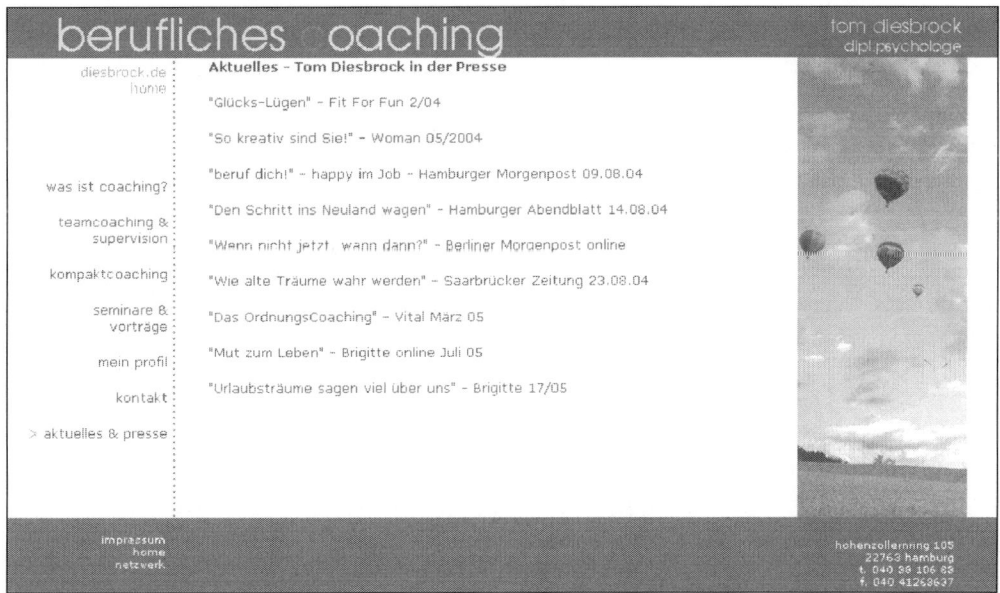

Abbildung 9

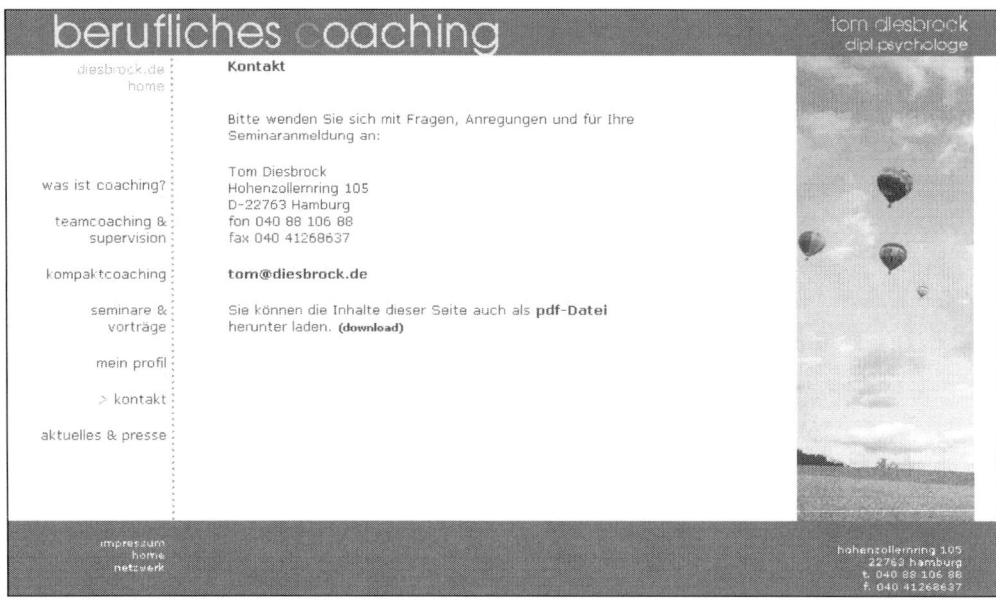

Abbildung 10

■ Zweitens: Fragen, mit denen er auf den zentralen Seiten zu diesem Kontaktformular hinleitet. Zum Beispiel am Ende der Seiten „Was ist Coaching?", „ Mein Profil", „Kompaktcoaching", „Seminare". Die Fragen könnten lauten: „Sie möchten mehr über mein Coaching erfahren?", „Sie möchten ein konkretes Angebot?", „Sie wissen noch nicht, ob ich für Ihre Fragestellung der Richtige bin?"

■ Drittens: einen integrierten Fragebogen, zum Beispiel einen Test zum Thema: „Wie weit leben Sie Ihre Visionen und Ziele?" oder „Was brauchen Sie am dringendsten, damit Sie Ihre Visionen und Ziele erreichen?"

■ Viertens: „persönliches" Kennenlernen, indem er zum Beispiel einen kleinen Ausschnitt aus einem seiner Fernsehauftritte zeigt.

■ Fünftens: ein konkretes Paketangebot als Einstieg zu einer Zusammenarbeit, zum Beispiel ein Ist-Check mit Ausblick im Rahmen eines 2-stündigen Coachings.

Die Praxis beweist, dass diese Maßnahmen den Einstieg des Kunden erheblich erleichtern und damit wesentlich zum Erfolg Ihrer Internetseite beitragen. Ein Aufwand, der sich lohnt.

Checkliste für die (Internet)Seite Ihrer Persönlichkeit

Schritt 1: Adressieren & Interessieren

▨ Zielgruppe und die Ziele der Internetseite sind klar definiert.

▨ Zielgruppe wird in Ihren konkreten Bedürfnissen angesprochen.

▨ Sie bieten und kommunizieren Ihre spezielle Lösung und den Nutzen für den Kunden.

▨ Ihre Besonderheiten und Alleinstellungsmerkmale sind deutlich kommuniziert.

▨ Ihre Internetseite zieht die Zielgruppe innerhalb von 2 Minuten in ihren Bann.

▨ Sie sprechen die Zielgruppe auf Sach- und Emotionsebene an.

▨ Die Texte sind leicht verständlich und stimmen mit dem Sprachgebrauch der Zielgruppe überein.

Schritt 2: Informieren & Differenzieren

▨ Alle notwendigen Informationen sind vorhanden, unnötige Wiederholungen oder Informationen sind nicht enthalten.

▨ Der Leser kann die für ihn relevanten Informationen schnell finden und erfassen.

▨ Struktur und grafische Gestaltung der Texte unterstützen die Inhalte der Seite.

▨ Sie senden auf sämtlichen Kommunikationsebenen die gleichen Botschaften.

▨ Leser, die Sie nicht als Kunden wünschen, spricht die Seite nicht an.

▨ Sie geben dem Leser ein klares Bild von Ihrer Persönlichkeit – und nennen nur die Dinge, die für Ihren (potenziellen) Kunden relevant sind.

▨ Ihr Profil ist spannend zu lesen und unterstützt Ihre Dienstleistungen, Besonderheiten und Alleinstellungsmerkmale.

▨ Sie belegen Ihre Kompetenzen und Qualifikation mit präzisen Fakten.

▨ Sie, Ihre Leistungen und der Auftritt wirken authentisch.

Schritt 3: Aktion auslösen

▨ Sie bieten verschiedene, leicht zugängliche Elemente zur Kontaktaufnahme.

▨ Interaktive Elemente und/oder Audio- beziehungsweise Videosequenzen sind integriert.

Modul 11:
Kundenbindung –
Wie von selbst?

Gastbeitrag von Nadine Hamburger

Wie viele neue Kunden benötigen Sie im Jahr? Wie hoch ist Ihr Aufwand (Zeit, Kosten, Energie), um einen neuen Kunden zu akquirieren?

Die Praxis zeigt: Für die meisten Berater ist der Aufwand erheblich. Daher lohnt es sich, einiges dafür zu tun, um diese teuer erworbenen Kunden auch zu halten.

Erstaunlich ist, dass viele Berater dem Thema Kundenbindung noch wenig Aufmerksamkeit widmen. Für mittelständische und große Unternehmen dagegen ist Kundenbindung bereits Standard. Denn früher war es noch einfach, ständig neue Kunden zu gewinnen, da sich die meisten Märkte im Wachstum befanden. Unternehmen konnten es sich erlauben, Ihre Kunden zu „verheizen". Aber im heutigen Verdrängungswettbewerb ist das nicht mehr der Fall – es ist schwer geworden, den Markt zu erweitern (zum Beispiel einen neuen Bedarf zu schaffen) oder Marktanteile von anderen zu erobern. Durchaus kann es fünfmal soviel kosten, einen neuen Kunden zu gewinnen, als einen alten Kunden zufrieden zu stellen – und zu halten.

Was Sie als Berater von erfolgreichen Kundenbindungstrategien mittlerer und großer Unternehmen lernen können, erfahren Sie hier in sieben Schritten.

▨ Schritt 1:
Aus Kundensicht agieren – oder:
Gelebte Vision.

▨ Erfolgsstrategie der Unternehmen:

Ausrichten des Fokus: weg von der Sicht des Anbieters und dessen Vorteil hin zu der Sicht des Kunden.

Oberstes Ziel ist, dass sich der Kunde mit dem Unternehmen verbunden fühlt.

Kundenzufriedenheit, Kundenvertrauen und sein Wunsch, beim Anbieter zu bleiben, stehen im Mittelpunkt.

In der Beratung setzen Sie diese Strategie am einfachsten um, indem Sie Ihre Kunden in Ihre Vision integrieren. Ihre Vision ist Ihr übergeordnetes Lebensziel.

Wenn Sie Ihrer Vision folgen, sind Sie mit Leidenschaft dabei. Diese Leidenschaft spüren auch Ihre Kunden, weshalb sie gerne mit Ihnen arbeiten. Wenn Sie aus Ihrer Lebensvision nun Ihre konkrete berufliche Vision (oder auch Mission) ableiten, erreichen Sie einen weiteren Effekt: Nun können Sie Ihre Kunden ganz konkret als Zielgruppe in diese Vision integrieren. Wenn diese auch die Bedürfnisse Ihrer Kunden mit einschließt, fühlen sich zum einen auch ihre Kunden von ihr angesprochen und zum anderen denken Sie selber stärker aus Kundensicht. Das verstärkt die Berater-Kunden-Passung, aber auch die „Chemie" untereinander. Reißen Sie Ihre Kunden also mit Ihrer Vision mit.

Nehmen wir das Beispiel eines Coachs für junge Führungskräfte: In seinem Berufsleben musste er immer wieder feststellen, dass junge Führungskräfte neue herausfordernde Positionen besetzten, auf die sie aber gar nicht vorbereitet waren. Voller Unmut erlebte er, dass die wahren Potenziale dieser Mitarbeiter ungenutzt blieben, woraus kein unerheblicher Schaden für die Unternehmen resultierte…

Schließlich selber erfahrene Führungskraft im Bereich Personalentwicklung, entstand daraufhin seine Vision: „Ich möchte einen wesentlichen Beitrag dazu leisten, dass die vorhandenen Potenziale von jungen Führungskräften in Unternehmen wirklich nutzbar werden – damit die Unternehmen von ihrer Investition in den Mitarbeiter möglichst gewinnbringend profitieren und die Führungskräfte in ihrer Entwicklung optimal gefördert und begleitet werden."

Diese persönliche Vision bezieht auch seine Auftraggeber und Klienten mit ein. Für jeden wird der Vorteil ersichtlich. Dank seiner Leidenschaft wird er überzeugendere Lösungen erarbeiten, sich klarer positionieren und authentischer auftreten.

Wer seine Vision lebt, bleibt nah am Kunden: Die Marktsituation Ihrer Kunden ändert sich, führt zum Beispiel zur Verkürzung der Einarbeitungszeiten und zu höheren Anforderungen an neue Führungskräfte. Dadurch, dass der Coach aus unserem Beispiel stets seine übergeordnete Vision vor Augen hat, verhaftet er nicht an bisherigen Coachingmodellen, sondern entwickelt eine Kombination aus Intensiv-Workshop, Gruppen-Coaching und begleitendem Einzelcoaching. Auf diese Weise werden die Potenziale seiner Klienten – trotz der erschwerten Situation – optimal genutzt.

Die Praxis zeigt, dass Sie mit Ihrer Vision vor Augen flexibler reagieren, sobald es darum geht, Ihren Kunden neue Problemlösungen und Wege zu eröffnen und ihre Zielsetzungen den neuen Bedürfnissen anzupassen.

Auch wenn Sie Ihre Mission nicht explizit, zum Beispiel auf Ihrer Internetseite, kommunizieren: Ist Sie von innen heraus entwickelt, so haben Sie sie verinnerlicht. Das heißt, Sie werden Ihre Vision in persönlichen Gesprächen vermitteln, vielleicht in einem Interview anbringen, aber noch wichtiger: in Ihrem Alltag (vor-)leben.

▓ Schritt 2:
Wertgewinn als Kaufentscheidung – oder: Bleibender Mehrwert.

> **Erfolgsstrategie der Unternehmen:**
>
> Maximierung der kaufentscheidenden Faktoren „Nutzen, Qualität und Wert" (durch Produktverbesserungen, besseren Service, geeigneteres Personal oder gehobenes Produktimage) im Verhältnis zu den entstehenden Kosten (zu beeinflussen durch Reduktion der Gesamtkosten, Senkung des Verkaufspreises, die Vereinfachung von Kauf- und Lieferprozessen oder die Übernahme von Risiken durch Gewährung einer Garantie).

Auch für Berater scheint dies eigentlich ganz logisch und selbstverständlich: Bieten Sie Ihrem Kunden mehr Wert, als er für Ihre Leistungen bezahlt. Entscheidend dabei ist, dass beide Partner mit einem Gewinn aus dem Geschäft hervorgehen und sich auf gleicher Augenhöhe begegnen. Doch gerade dies ist – in Anbetracht des harten Wettbewerbs am Markt – oft schwierig. Überall werden die Preise gedrückt – in zum Teil existenzbedrohende Bereiche. Beratung wird nicht mehr von der Führungskraft eingekauft, sondern von der Einkaufsabteilung. Auch ist es nicht immer einfach, den Mehrwert konstant zu erhöhen – dennoch sind wir Berater täglich gefordert, einen möglichst hohen Wert zu generieren.

Dabei sind uns die verschiedenen Möglichkeiten, die sich uns bieten, oft nicht bewusst. Folgende Frage stellt sich uns Beratern: An welchen Entwicklungsstufen unserer Pro-

dukte oder Dienstleistungen (die Begriffe werden hier synonym verwendet) können wir effizienter werden, sprich mit weniger Einsatz mehr erreichen? Denn je schneller wir eine Antwort auf die Kunden-Frage finden, desto weniger Honorar müssen wir verlangen – sofort entsteht für den Kunden ein höherer Wert.

Die konkreten Dienstleistungen zu optimieren ist ein offensichtlicher Weg. Doch wenn wir unseren Blick öffnen, sehen wir noch weitere Einflussfaktoren, die bis ins persönliche Leben hinein reichen: das Selbstmanagement, die Ausgliederung von Teilprozessen oder auch das Abgeben von Projekten, die ein anderer besser erledigen könnte.

So gesehen tragen wir als Dienstleister eine große Verantwortung. Auch im Sinne unseres Kunden ist es also durchaus sinnvoll, erst einmal für unser eigenes Wohlergehen zu sorgen. Denn nur wenn wir fit, gesund und glücklich (!) sind, uns in einer positiven Lebens- und Arbeitsumgebung befinden, können wir höchstmögliche Leistungen erbringen: Wir sind kreativer (der Kunde erhält eine noch bessere Lösung), die Arbeitsqualität steigt (der Kunde erhält hochwertigere Leistungen) und wir schaffen mehr in kürzerer Zeit (er erhält mehr für den Stundensatz).

Darüber hinaus ist es hilfreich, immer wieder die eigenen Prozesse zu hinterfragen (bei anderen machen wir das schließlich tagtäglich): Wie funktioniert unser Zeitmanagement? Welches sind meine Kerntätigkeiten, und welche Tätigkeiten können wir an günstigere Anbieter ausgliedern (von der Ablage bis hin zum Projektmanagement unserer Beratungsprojekte)? Wie erbringe ich meine Dienstleistung – kann ich mein Beratungsgeschäft effizienter abwickeln, zum Beispiel durch mehr Kontakte per Telefon, per Mail oder durch vorbereitende Fragebogen? Hier ergeben sich diverse Möglichkeiten der Entlastung. Mit der Folge, dass wir uns intensiver/effektiver unserem Kerngeschäft widmen können. So erhält der Kunde wiederum mehr Leistung für sein Geld – und wir haben mehr Freude an der Arbeit.

Als Mehrwert nicht zu unterschätzen sind auch Ihre Präsenz im Termin und Ihre Ausstrahlung. Wenn Sie mit Freude bei der Sache sind, andere mit Ihrer guten Laune anstecken und auf diese Weise ein positives Arbeitsklima schaffen, anstatt stur Ihre Arbeit zu verrichten, ist dies ein deutlicher Mehrwert für Ihren Kunden. Das wird Ihnen sicherlich nicht mehr Geld einbringen, aber zumindest die Bindung Ihrer Kunden stärken. Wenn Sie aufgrund Ihrer eigenen Ausgeglichenheit (Miss-)Stimmungen rasch wahrnehmen sowie Angriffe und Probleme schneller und mit mehr Gelassenheit/Leichtigkeit lösen – ohne erst einmal griesgrämig den ganzen eigenen Ärger bekämpfen zu müssen –, ist damit viel Zeit und Energie gewonnen. Für alle Beteiligten.

Auch außerhalb des eigenen Kerngeschäfts ist es durchaus möglich, dem Kunden zusätzlichen Mehrwert zu bieten.

■ Können Sie Ihren Kunden konkret weiterempfehlen oder ihm wichtige Kontakte vermitteln?
■ Wie wäre es mit einer Kooperation, in der Sie Ihre Kompetenzen gemeinsam anbieten?
■ Schreiben Sie vielleicht gerade einen Artikel oder ein Buch, in dem Sie über einen oder mehrere Kunden (lobend) berichten können?

Wie Sie sehen, gibt es eine Vielzahl von Wegen, wie wir für unseren Kunden (und letztlich auch für uns) einen höheren Wert generieren und sie damit länger halten können.

■ Schritt 3:
„Nach dem Kauf" statt „Vor dem Kauf" oder: Kontakt halten.

Erfolgsstrategie der Unternehmen:

Der Fokus „vor dem Kauf" (Gewinnung neuer Kunden, Kaufaktion abschließen, „Transaktionen" herstellen) wird abgelöst von der Betrachtung der Vorgänge „nach dem Kauf": Maßnahmen, Kontakt zu halten und Kunden zu binden.

Beispiel aus dem Berateralltag:
Stellen Sie sich vor, Sie führen ein mittelständisches IT-Unternehmen. Sie haben ein zuverlässiges Team, doch in dem schnelllebigen Markt gibt es immer wieder Engpässe. So haben Sie sich vor einigen Jahren entschieden, einen externen Strategieberater zu Rate zu ziehen, mit dessen Hilfe Sie es geschafft haben, eine finanzielle Krise zu

überwinden. *Die Beratung hat das Unternehmen gerettet.*

Seitdem erleben Sie immer wieder kleinere Krisensituationen. Und Sie kämpfen, um dieser Herr zu werden. Es ist Ihr Alltag und Sie kommen gar nicht auf die Idee, externe Hilfe in Anspruch zu nehmen. Eines Tages erhalten Sie von Ihrem ehemaligen Berater eine E-Mail mit einem redaktionellen Beitrag über eines seiner Projekte. Dieser Beitrag weckt Ihr Interesse – Sie leiten ihn an einen Ihrer Mitarbeiter weiter.

Doch was viel wesentlicher ist: Sie erinnern sich, „Stimmt, er ist ja Spezialist in der Bewältigung von Krisen in IT-Unternehmen. Den könnte ich eigentlich mal nach seinen Erfahrungen mit Problemen wie xy befragen." Der Griff zum Hörer ist dann meist vorprogrammiert.

Was erreichen Sie, wenn Sie regelmäßig Kontakt zu Ihren Kunden halten? Das obige Beispiel zeigt es: Sie rufen sich und Ihre Dienstleistung in Erinnerung. Sie geben einen positiven Impuls. Sie können erneut Ihre Besonderheiten kommunizieren, Ihren Expertenstatus ausbauen, Ihre Werte und Kompetenz vermitteln. Eventuell sind Sie im richtigen Moment präsent, um einen neuen Auftrag zu bekommen oder weiterempfohlen zu werden. Sie haben auch die Möglichkeit, über zusätzliche Angebote zu informieren. Vielleicht ist ja etwas Interessantes für Ihre Kunden dabei…

Hier empfiehlt es sich, Kontakt zu Ihrem Kunden zu halten, ohne aufdringlich zu wirken. Wenn es angebracht ist, können Sie das persönliche Gespräch nutzen. Das kann bei manchen Kunden allerdings unpassend sein und bedeutet zudem einen erheblichen Zeitaufwand. Rufen Sie Kunden also nur sehr gezielt an. Eine weitere Möglichkeit bieten Anlässe wie Ostern und Weihnachten. Von „normalen" Informations- und „Gute-Wünsche"-Briefen gibt es heutzutage jedoch mehr als genug. Außerdem sind sie meistens nicht sehr beliebt und entsprechend uneffektiv. Womit könnten Sie *echte* Aufmerksamkeit wecken?

Bieten Sie dem Kunden mehr. Gestalten Sie nicht nur Informationsbriefe über neue Produkte oder Angebote, sondern geben Sie Ihrem Kunden etwas für ihn Wertvolles an die Hand.

Als Coach für Führungskräfte zum Beispiel den „Sieben-Stufen-Plan für erfolgreiche Mitarbeiterführung", womit sich sogar ein Mehrfachnutzen verbindet: So können Sie diesen – verteilt über sieben Monate (!) – als E-Mail oder Newsletter versenden und anschließend als Methode auf Ihrer Internetseite zum Download anbieten. Erst wenn Sie wertvoll informiert haben, sind Ihre Leser auch geneigt, wohlwollend Ihre Angebote zur Kenntnis zu nehmen.

In der Praxis hat es sich bewährt, dem Kunden einen interessanten Artikel (vielleicht sogar eine eigene Publikation?), Audiofiles oder Videosequenzen zuzusenden. Diese *gehaltvollen* Mailings können Sie in unregelmäßigen Abständen versenden oder als regelmäßigen Newsletter deklarieren. Wichtig ist, sich das Einverständnis des Adressaten einzuholen oder ihm die Möglichkeit zu bieten, den Newsletter abzubestellen.

Die bislang genannten Kontakte sind noch Einbahnstraßen, Monologe; das heißt, Sie teilen dem Kunden Informationen mit. Diese sind insofern sinnvoll, als sie den Leser inspirieren und zum Denken anregen.

Der nächste Schritt zur Kür ist der vom wertvollen Monolog zum Dialog: Integrieren Sie zum Beispiel einen fachspezifischen Fragebogen, den Sie anschließend auswerten, um die Ergebnisse im nächsten Informationsbrief zu veröffentlichen. Oder beantworten Sie fünf typische Problemfragen Ihrer Kunden im Newsletter – und fordern Sie Ihre Adressaten auf, Ihnen weitere Fragen zu stellen, die Sie gerne beantworten. Sie können Ihre Kunden aber auch in Form eines Feedback- oder Kommentarbogens zu den „Nachwirkungen" Ihrer Arbeit befragen. Die Ergebnisse veröffentlichen Sie wiederum auf Ihrer Internetseite und per Newsletter.

▨ Schritt 4:
Kundenrentabilität – oder: Kunden sind nicht gleich Kunden.

Erfolgsstrategie der Unternehmen:

(Nur) Profitable Kunden binden
– und die dann richtig.

Erfahrungsgemäß ist der Kundenstamm von Beratern sehr gemischt: Kunden, die gute Umsätze generieren; Kunden, die wir einfach mögen (Wir würden alles für sie tun.); Prestigekunden; Kunden, die Kontakte versprechen; Großkunden; Multiplikationskunden, aber auch typische Problemkunden. All diese Kunden können wichtig sein. Bei den zuerst aufgeführten sind die Vorteile offensichtlich; bei Letzteren hingegen sollten wir jedoch unbedingt etwas lernen: diese Kunden frühzeitig zu erkennen, sich gegen Probleme abzusichern oder gegebenenfalls – sich bewusst von ihnen abzugrenzen.

Denn wir haben nicht endlos Energie und – wenn das Geschäft gut läuft – auch keine Zeit, uns mit Kunden und/oder Projekten zu beschäftigen, die im Grunde nicht zu uns passen. Denn solche Kunden kosten überproportional viel Energie, Nerven und Zeit und empfehlen Sie in der Regel nicht weiter. Kunden sollten aber auch Spaß machen. Daher ist es manchmal sinnvoller, einem Kunden abzusagen – auch wenn es vielleicht aufgrund der finanziellen Situation erst einmal schwer fällt. Denn: Statt Kraft und Zeit auf ein mäßiges Projekt zu verwenden, sind Zeit und Kraft oft besser in einen Presseartikel, das Treffen mit ehemaligen Kunden oder Ihren Newsletter investiert.

Um zwischen guten und weniger guten Kunden zu unterscheiden, ist es sinnvoll, Kunden zu klassifizieren. In der Praxis hat sich bewährt, die Kernzielgruppe(n) an konkreten Kriterien festzumachen sowie weitere

Kundengruppen (wie oben beschrieben) zu differenzieren.

Die wichtigsten Kriterien sind:
- Ertragspotenzial
- Passung (Wie erfolgreich ist die Zusammenarbeit?)
- Potenzial für Folgeaufträge
- Bedeutung des Geschäftsfeldes, in welchem der Kunde arbeitet
- Kooperationsmöglichkeiten
- Empfehlungs-/Multiplikationspotenzial

Nun sind Sie in der Lage zu entscheiden, welchem Ihrer Kunden Sie in Zukunft wie viel Aufmerksamkeit schenken: Wer wird nur über den Newsletter informiert? Wessen Branche beobachte ich genauer, damit ich ein für ihn spannendes Thema aufgreifen und persönlich an ihn senden kann? Wen rufe ich monatlich an, um mich nach dem Lauf der Dinge zu erkundigen und ihn gegebenenfalls weiter zu unterstützen?

Schritt 5:
Soziale Bindung – oder:
Persönlich sein.

> **Erfolgsstrategie der Unternehmen:**
>
> Soziale Anerkennung durch Individualisierung und Personalisierung.

Seien Sie sie selbst. Das heißt, kommunizieren und handeln Sie authentisch: Ihre Kunden möchten spüren, welche Persönlichkeit sie vor sich haben.

Das gilt für das persönliche Gespräch ebenso wie für Schriftverkehr und Ihre Internetseite. Allgemeine Floskeln und Standardbriefe bauen Distanz auf, dagegen erzeugen persönliche Worte Nähe zum Kunden. Das funktioniert natürlich nur, wenn diese Worte auch ehrlich gemeint sind (Verbiegen Sie sich also nicht!) und mit Respekt und Wertschätzung übermittelt werden. Wenn Sie sich für Ihr Gegenüber interessieren, werden sich viele Themen und Möglichkeiten für eine individuelle Kontaktaufnahme ergeben.

Nützlich ist es, sich Details, die Ihnen Ihre Geschäftspartner mitteilen, zu merken oder gegebenenfalls zu notieren. Diese Informationen können Sie als Gesprächseinstieg beim nächsten Telefonat verwenden. Darüber hinaus können Sie Kunden persönliche Tipps geben: Einem Coaching-Klienten, der sich besonders für Meditation interessiert, teilen Sie mit, wenn der Zen-Meister Thich Nhat Han wieder in der Stadt ist, oder Sie lesen zufällig einen Artikel über einen neuen Wettbewerber Ihres Kunden, den Sie ihm mit einer persönlichen Notiz zusenden. Was gilt, ist der persönliche Kontakt. Lassen Sie den Kunden spüren, dass Sie an ihn denken.

Ein kleiner Tipp: Um die wesentlichen Informationen Ihrer Kunden parat zu haben, sollten Sie sich eine Kundendatenbank anlegen. Hier können Sie neben den Kontaktdaten Ihre Kundenklassifizierungen notieren, die nächste Kontaktaufnahme terminieren und persönliche Informationen wie Geburtstage, Jubiläum, Kinder, Urlaubsziele, Hobbys und

Interessengebiete sowie neue Gesprächsthemen und -ziele festhalten.

Schritt 6:
Kundenzufriedenheit oder: Weiter begleiten.

Erfolgsstrategie der Unternehmen:

Die Formel für zufriedene Kunden:

Empfundene erhaltene Leistung entspricht den Kundenerwartungen
= zufriedener Kunde.

Empfundene erhaltene Leistung ist mehr als vom Kunden erwartet
= begeisterter Kunde.

Sie können dem Kunden mehr bieten als er erwartet, wenn Sie ihn über einen längeren Zeitraum begleiten und gewährleisten, dass Ihre Leistungen im vollen Umfang genutzt werden. Das ist für die Kundenzufriedenheit ebenso förderlich wie für weitere Empfehlungen.

Was nützt die beste Prozessoptimierung, wenn sie von den Mitarbeitern nicht umgesetzt wird? Ist es für Ihren Projektnutzen bedeutsam, so vereinbaren Sie mit Ihren Kunden ein Begleitungspaket.

Zum Beispiel: Nach Prozesseinführung werden Sie ein halbes Jahr lang einmal im Monat in das Unternehmen kommen, mit den wesentlichen Kontaktpersonen reden und überprüfen, ob Ihre Ziele in der Prozessoptimierung erreicht werden. Sie können herausfinden, wo es hakt und Problemstellen auflösen.

Ist Ihrem Kunden das zu viel? Dann bietet es sich eventuell an, eine Sparringpartnerschaft mit einem Telefonat im Monat zu vereinbaren.

Oder Sie vereinbaren mit Ihrem Coaching-Kunden, dass er 3 bzw. 6 Monate nach Ende des Coachingprozesses per Mail einen kleinen Statusbericht ausfüllt. Das gibt Ihnen ein wichtiges Feedback über Ihre Arbeit und für Ihren Klienten erhöht sich durch den auf diese Weise verlängerten Coaching-Prozess (was für Sie kaum zusätzlichen Aufwand bedeutet) das Commitment. Er wird Sie als kompetenten Begleiter in Erinnerung behalten. Dieser kleine „Tritt in den Hintern" wird häufig gewünscht, weil die Umsetzung neuer Ideen erfahrungsgemäß nur allzu leicht dem Alltagsgeschehen zum Opfer fällt. Eventuell tun sich auch neue Problemfelder auf, in denen Sie ihn unterstützen können.

Es ist also durchaus lohnenswert, die weitere Entwicklung der Kunden im Auge zu behalten – und sei es nur durch einen kurzen Anruf…

Schritt 7:
Intensivierung – oder: Mehr bieten.

Erfolgsstrategie der Unternehmen:

Verlängerung der Verweildauer des Kunden
und
beim Kunden weiteren Bedarf generieren.

Überlegen Sie, mit welchen Produkten und Dienstleistungen Sie Ihre Kunden in ihrem Problemfeld unterstützen können. Dies sollte nicht als Einladung missverstanden werden, einen „Bauchladen" zu eröffnen. Denn wichtig ist, dass Sie bei Ihrer Kernkompetenz bleiben.

Welche zusätzlichen Produkte könnten Sie Ihrem Kunden anbieten, ohne aufdringlich zu wirken? Wie wäre es zum Beispiel nach der erfolgreichen Einführung einer neuen Controllingsoftware mit einem Workshop zur Erhöhung der Arbeitszufriedenheit der Teammitglieder? Oder einem speziellen Begleitungspaket (siehe Schritt 6)? Sie können aber auch – sehr lukrative! – e-learning-Kurse anbieten oder einen geleiteten Erfahrungsaustausch per Telefonkonferenz in Ihrem Fachgebiet.

Oder veröffentlichen Sie Artikel, die Sie Ihren Kunden als Download offerieren oder gezielt per Mail zusenden. Als Coach können Sie ein Sortiment an Methodenkarten entwickeln, die der Klient zu Hause nutzen kann. Und vieles mehr.
Fragen Sie doch einfach mal Ihre Kunden, was Ihnen weiterhelfen könnte. Und lassen Sie Ihrer Kreativität freien Lauf.

… und alles funktioniert wie von selbst?

Na ja, ganz von selbst geht es nicht. Sie müssen schon ein wenig dafür tun. Aber gut zu sein und den Kunden etwas zu *bieten,* statt nur etwas zu *verkaufen,* macht eindeutig viel mehr Freude. Stellen Sie sich als Alternative stundenlanges, nervenaufreibendes Telefonieren oder die xte langweilige Netzwerkveranstaltung vor. Da ist es doch um einiges abwechslungsreicher – und zudem viel wirkungsvoller – sich intensiv mit dem eigenen Kerngeschäft und den bestehenden (Lieblings-)Kunden zu beschäftigen!

Und der Schritt, eine Kundenbeziehung als eine zwischenmenschliche Beziehung des Gebens und Nehmens zu betrachten, bedeutet eine Veränderung in der Denkweise, die automatisch in unser Handeln einfließt. Erst ein wenig üben, dann funktioniert der Rest tatsächlich fast von alleine.

> „Qualität, genauso wie Produktivität, kann nur durch Menschen erhöht werden."
>
> Walter von Wartburg

Zusammengefasst:
Sieben Schritte zur erfolgreichen
Kundenbindung

1. Integrieren Sie Ihre Kunden in Ihre Vision.

2. Schaffen Sie einen Mehrwert, von dem Ihre Kunden
   kontinuierlich profitieren.

3. Halten Sie Kontakt zu Ihren Kunden – nicht nur im
   Monolog, sondern im Dialog.

4. Differenzieren Sie Ihre Kunden:
   Welchen möchten Sie sich mehr widmen, weil sie Ihnen
   besonders wertvoll sind?

5. Seien Sie persönlich: Zeigen Sie Ihren Kunden, dass
   Sie an sie denken.

6. Begleiten Sie Ihre Kunden beim Verfolgen und Erreichen ihrer Ziele – und beim Ausschöpfen Ihrer
   erbrachten Dienstleistung.

7. Generieren Sie weitere Produkte und Dienstleistungen,
   die Ihren Kunden von Nutzen sein können.

Nachwort

Sie haben es geschafft! Die ersten Schritte sind getan und Positionierung, Inszenierung sowie Profilierung können beginnen.

Einige Fragen sind in diesem Praxisleitfaden unbeantwortet geblieben:

▨ Wie bleiben Sie erfolgreich als Einzelkämpfermarke?

▨ Welche weiteren Kanäle für Ihre PR gibt es (zum Beispiel Bücher)?

▨ Welche weiteren Marketingkanäle gibt es?

▨ Wie können Sie neue Medien gezielt einsetzen?

▨ Wie treiben Sie Ihr Empfehlungsmarketing voran?

▨ Wie können Sie sich gegebenenfalls neu positionieren?

▨ Wie gehen Sie mit dem Druck der Akquise und PR um, solange die Auftragslage dürftig ist?

▨ Wie können Sie Verhandlungen mit Kunden optimal gestalten?

▨ Wie gehen Sie mit hoher Stressbelastung (zum Beispiel durch intensives Reisen) um?

▨ Wie können Sie Qualitätsmanagement etablieren?

▨ Welche Wachstumsstrategien haben sich bewährt?

Die Liste ist unendlich fortsetzbar. Auch mir bleibt ein Restschmerz, dies alles nicht hier beantwortet zu haben.

Meine Selektion konzentrierte sich auf die „Basics", wie man heute so schön sagt. Meine Erfahrung in fast 10 Jahren Beratermarketing ist aber: Die Basics machen 90 Prozent des Erfolgs aus. Sie gehören daher zur PFLICHT DES BERATERMARKETINGS.

Aber wer will schon auf die KÜR verzichten?

Daher haben die Vorbereitungen für einen zweiten Praxisleitfaden schon begonnen.

Also:

FORTSETZUNG FOLGT…

Bis dahin, viel Erfolg mit den Basics!

G. Weyand

PS: Ich freue mich immer über Ihre Nachricht, am einfachsten per E-Mail an weyand@gisoweyand.de

BusinessVillage — Update your Knowledge!

BusinessVillage — Update your Knowledge!

Bücher für Ihren Erfolg

Eva Ruppert
Ihr starker Auftritt
188 Seiten • 17,90 Euro
ISBN 978-3-938358-90-0
Art.-Nr. 788

Jens Kegel
Selbstvermarktung freihändig
242 Seiten • 24,80 Euro
ISBN 978-3-938358-83-2
Art.-Nr. 769

Werth • Ruben • Franz
High Probability Selling
232 Seiten • 24,80 Euro
ISBN 978-3-938358-55-9
Art.-Nr. 730

Busch • Kastner • Vaih-Baur
Die Kunst der Markenführung
160 Seiten • 17,90 Euro
ISBN 978-3-934424-81-4
Art.-Nr. 603

Frank Reese
Web Analytics – Damit aus Traffic Umsatz wird
2. Auflage
287 Seiten • 34,90 Euro
ISBN 978-3-938358-71-9
Art.-Nr. 693

Godau • Ripanti
Online-Communitys im Web 2.0
214 Seiten • 34,90 Euro
ISBN 978-3-938358-70-2
Art.-Nr. 741

Kasperczyk • Scheel
Projektmanagement kompakt
110 Seiten • 21,80 Euro
ISBN 978-3-934424-92-0
Art.-Nr. 559

Deckers • Heinemann
Trends erkennen – Zukunft gestalten
216 Seiten • 34,80 Euro
ISBN 978-3-938358-78-8
Art.-Nr. 756

Kalkbrenner • Lagerbauer
Der Bambus-Code – Schneller wachsen als die Konkurrenz
122 Seiten • 21,80 Euro
ISBN 978-3-938358-75-7
Art.-Nr. 755

Anita Hermann-Ruess
Speak Limbic – Wirkungsvoll präsentieren
128 Seiten • 21,80 Euro
ISBN 978-3-938358-27-6
Art.-Nr. 625

Sonja Ulrike Klug
Konzepte ausarbeiten – schnell und effektiv
3. Auflage
127 Seiten • 21,80 Euro
ISBN 978-3-938358-82-5
Art.-Nr. 772

Anne M. Schüller
Zunkunftstrend Empfehlungsmarketing
2. Auflage
141 Seiten • 21,80 Euro
ISBN 978-3-938358-63-4
Art.-Nr. 753

www.BusinessVillage.de • Update your Knowlegde